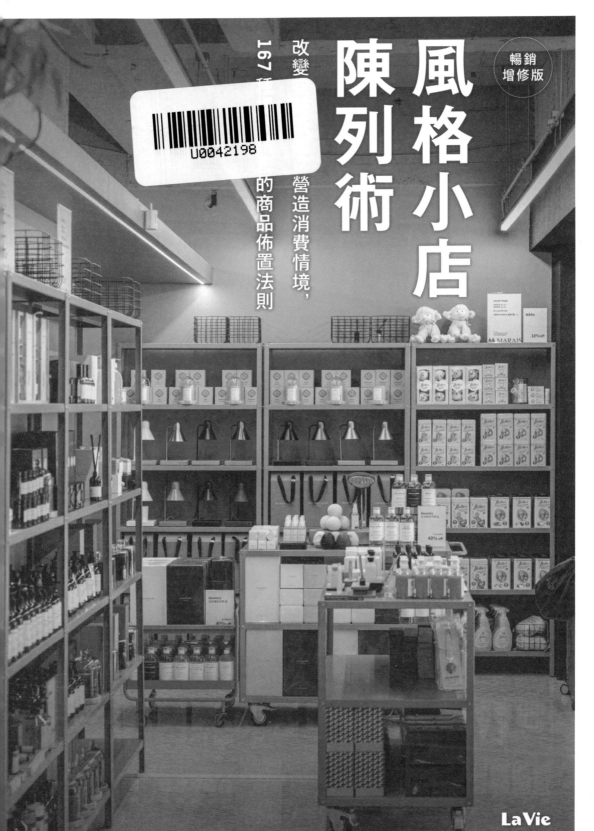

風格小店
陳列術

改變營造消費情境，167種的商品佈置法則

暢銷增修版

U0042198

LaVie

Contents
目錄

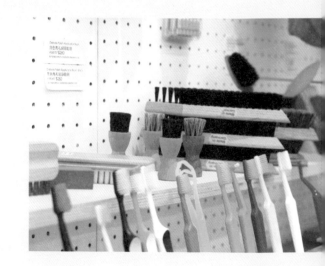

PART 2
陳列技巧大蒐羅

PART 1
商品陳列的 15 個基本認識

01 陳列與展示

一般來說,商品陳列都不排斥顧客碰觸商品。不過為了避免單價高、易碎的商品在顧客觸摸時發生損壞,導致爭議。一般都會將此類商品放置在玻璃櫃或壓克力罩中,阻隔顧客直接碰觸,並會搭配文字說明加強宣導。當顧客想進一步參考商品質感時,再請店員取出。

將商品密閉地展示,有助保護商品,不過也阻斷了顧客與商品互動的機會。若不想讓商品以密閉的方式呈現,也可以利用陳列小技巧,限制顧客觀看商品的角度,以減少觸碰的機率,像是將食器類的物件用立架架高而非堆疊平放、在該區塊的地面前方,放置較大型的物品,自然會較難以靠近,減少觸碰頻率。

02 陳列的易取性

商品間距與商品放置數量，是顧客是否方便拿取陳列商品的重要因素。不過這並沒有統一的準則，必須依照商品屬性，不斷嘗試出最適合的效果。通常商品在陳列時，會希望顧客盡可能與商品進行互動。

擺放在視平線位置的商品，因為顧客最方便觀看，因此互動機率較高，此時可以把間距排得較寬，給顧客輕鬆平易的感覺，若高於視平線又不希望顧客碰的東西，間距就可以擺放較緊密些。此外也需考量商品本質，具類的小物件可以擺得稍多，中高單價的設計品則須保留一定的空間讓商品說話。

不過店家有時會犯的毛病，就是把商品排得太擠，希望盡可能呈現。此時反而會讓顧客不知道要拿什麼，因此就會減少拿取的頻率。因此商品也不需要一次陳列得太滿，可依照狀況，觀察顧客的反應，再調整商品陳列的數量。

03 銷售空間的分區規劃

每一家店鋪對於自家空間分區的規畫各有不同的想像。有些則會依照商品的功能性或是外包裝，規劃各區塊的商品擺放位置。有些店鋪則考量商品價格，將單價低的商品陳列在店頭周邊，依照走逛動線，逐漸變化商品的單價，藉此引導客戶走入店鋪深處。

在進行分區規畫時，通常可以從大到小，確認商品的類型與品項後，將整個店鋪分為幾個相對應的大區塊，再逐漸加入桌椅、櫃架等家具，預想商品分區的同時，店鋪動線的設計也會愈來愈清晰。

大部分的店鋪，都會依循同樣的商品分區邏輯。不論是以品牌、功能性、色彩、風格，或是價格。如果希望顧客方便查找商品，便可以依照商品的品牌、或是功能進行分區；若考量的是商品陳列後的美感氛圍，也可將所有商品打亂，純粹以造型或色彩變化各個區域的陳列。但建議不要混淆各種陳列邏輯，這樣會容易讓顧客無法找到它們想看的商品，也無法確認店鋪的風格或定位。

04 引導顧客走逛動線的陳列

一般建議，可將收銀台設定在能夠總覽全店空間的位置。以降低商品被竊或受損的可能，而在顧客需要服務時，也能較快提供協助。如果店鋪空間充裕的話，要盡可能讓走道維持舒適的寬度，若可以維持2.5人帶著包包經過而不會撞倒的走道寬度，即非常理想。

一般顧客進入店鋪後，若收銀檯台在店頭的附近，顧客多半會朝收銀台的「反方向」開始走逛，在規畫動線時便可利用這點來模擬顧客的路徑。若店鋪空間夠大，想要引導顧客前進的路線，此時便則可利用家具或櫃架的擺放位置，調整走道的寬窄的方式，顧客自然會朝空間較大的地方走去。

不過，在規劃動線時，除了留意如何讓顧客走的舒適，更重要的是要怎麼讓顧客停下腳步注意商品。為了避免視覺疲乏，建議可以讓每一個區塊、櫃架或是桌面的陳列，都有一個主題或陳列上的亮點，避免畫面重複地無限延伸，縱使動線很順，但若顧客不想逛下去也是徒然。

Design Butik

留白是北歐風格中很重要的一個元素，講究乾淨，儘量做留白，儘量讓他有空間感。但所謂的留白並不是只能白色，鵝黃色的牆面也是留白，讓它不雜亂，呈現乾淨風格。一但背景乾淨，空間中的物品就會變得更加明顯。

05 黃金陳列區的陳列

黃金陳列區的銷售力道強，此區的商品周轉率會較高。如果加入主題或是策展的變化，讓每次來訪的顧客感受到新鮮感，便能穩定地提高商品的銷售。黃金陳列區一般會位於店頭或是櫃台附近的醒目區塊，也就是說愈容易讓顧者在走入店內或結帳時注意到商品的地方，愈有可能成為黃金陳列區。

然而，擺放在黃金陳列區的商品，也需要考量其價格。若刻意在黃金陳列區擺放價格過高的商品，卻也未必都能提高銷售量。特別是單價愈高的商品，衝動消費的機率較低，顧客往往會花更多時間，檢查確認商品的品質後，再行買單。

06 如何補救銷售表現差的區域

若發現某區塊的銷售表現特別差，可先試著找到問題的根源。若受限於陳列的位置，則可調整商品的佈局。譬如放置於高處層架上的品項，如果店鋪空間較大，就很有可能會導致銷售成績不佳。此時若將商品移置一般平台上，搭配企劃主題包裝，就可以有效衝高銷售量。

但業績不好有時也可能是動線或環境的問題。譬如偏離主要動線的畸零地，就很難引導顧客走去。如果改善環境狀況後，還是無法提高銷售，或許也可以考慮改變該區塊的功能。既然無法銷售商品，何不轉換為休息區、飲料吧，或純粹營造一個情境或氛圍的感受，轉變該區域的目的，改以另一種方式讓顧客停下腳步。

07 道具的運用

<u>布、絲巾、小木盒、壓克力展架、盤、碟
等小物，都是生活中常見，且可多加運用
的陳列道具。</u>搭配道具，可以加強陳列的
立體感，或渲染變化陳列氛圍。譬如在商
品下方，加入盤、布或是大小展示台的襯
墊，便能在陳列中加入色彩對比，或增
加商品高度，讓商品更容易受到顧客的關
注。其他像是書本也能在陳列中帶來文藝、
清新的氣質。乾燥花或是植栽，則能讓陳
列顯得更具生活感。若是從變化氛圍的角
度，去思考道具的搭配，則充滿無限可能。

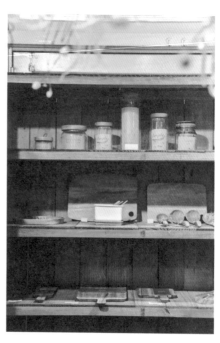

08 材質、大小與色彩的搭配

基本上還是要回到商品的特色去思考，看
是要延伸商品的特色，或是製造反差。像
是工藝品便很適合與老件進行搭配，因為
都很有歷史的痕跡。玻璃製商品則可以放
在玻璃櫃中陳列，搭配乾淨的背景色，
便能延伸視覺的通透感。黃銅金屬類的商
品，若同時擺放太多，便很容易失去焦點。
建議可以一次只放一到兩個，局部點綴，
搭配大理石或原木桌材質的桌面，對比材
質的差異。

深色搭配淺色是常用的配色基礎，加入深
色的背景便能讓淺色商品更為突顯。一般
最常見的便是布匹或木頭材質的道具。其
中比較特別的是純白餐瓷，白色餐瓷並沒
有想像中那麼好搭，特別是當商品訴求俐
落簡約的造型美感時，與有顏色的餐具搭
在一起反而不見得好搭。在這種情況下，
反而最好搭配的是同類材質，就儘量讓陳
列的表現維持大面積的白色。

09 怎麼找到最合適自己的陳列規則

有些創業者，是在開店時就有基本想法。
因此會很清楚依循他們想要的風格進行陳
列，不過所有的陳列都需要不停嘗試。尤
其是因為商品的大小跟造型都會隨著進貨
而有所變化，一直套用相同的規則，就無
法表現出商品的特色。

而每一家店的陳列風格其實都各不相同，
或多或少都會加入陳列者的概念或是個
性。因此當初學者要進行商品陳列時，會
需要多多觀察，累積設計的感受，才能慢

慢掌握適合自家店鋪的表現。有些具有規模或體系的商家，甚至會安排商品陳列的教育訓練，要等到測驗通過後，才可以進行商品陳列。

在尋找陳列靈感時，可以多多參考國內外的網站，或是實際多逛商店，不一定要限制風格，多觀察不同風格的陳列，也可以為自己帶來靈感。然而，最重要的功課，就是自己要實際試擺。可以選定一張桌面，設定好要陳列的商品以及數量，然後試著實際陳列，練習的過程也可讓自己認識商品的特性，練習後的成品更可以拍照留存，用自己的雙眼，感受陳列的畫面是否符合想表現的效果！

10 價格標籤的呈現

常見的價格標示方式就是豆豆標。因為體積小，也可節省陳列空間。不過每家店的風格各不大相同，從價格標籤的呈現，也可反映出不同店鋪的經營理念。有些店鋪，認為豆豆標不夠美觀，且強調顧客可以直接拿取觸摸商品，因此傾向將價格以白色標籤貼在商品不顯眼處。訴求商品手感工藝的店鋪，也可以使用標籤，加入創作者大名、作品名與價錢，銷售商品時也引導顧客加入對於創作者情感層面的想像。比較特別的是，也有店鋪刻意不加入任何價格標示，因為不希望顧客一開始就以價格論定商品。而是傾向以對話介紹方式說明商品的背後故事，待顧客有興趣後，再帶到售價。

wearPractice

一開始可以運用一小塊區域練習陳
列，先設定一個主題或情境，每個
人的想像都不一樣，逐漸讓陳列成
為生活的練習與美感的雕塑。風格
建立可以先從自己的喜好著手，再
去思考如何與大眾取得平衡。不要
盲目跟隨著流行的風格，因為當泛
濫時，價值就會減少，也會降低吸
引力。

11 營造情境

有愈來愈多的店舖，擺脫傳統把商品放滿
放好的思維，訴求情境的營造，讓顧客感
受商品的魅力，藉此引導顧客想像購入商
品後，可以怎樣應用或在日常生活中帶來
什麼改變？

訴求情境與氛圍的陳列，重點要讓顧客能
從畫面產生想像，除了講究陳列，燈光更
是一個能夠大幅改變氛圍的關鍵因素。常
見形塑空間氛圍的方式，是在相對昏暗的
陳列場景中，加入一個蠟燭或燈箱的發光
體。而不是直接把光線打在想強調的商品
上。光線的間接渲染，較能喧染出空間中
的情境。

而陳列情境的營造，其實需要很多次的練
習與嘗試。建議完成陳列後，可以用拍照
的方式，確認搭建出來的陳列是否符合理
想的情境。拍照時也可多變化角度，逐漸
確認是否還有可以調整的空間。而當完成
陳列的設計時，亦可將拍好的照片上傳
FB 分享，除了當作行銷的材料，也可觀
察顧客的回應。

12 消費者觀看商品陳列時，
　 最乎什麼？

每一個消費者在觀看商品時，在意的特色
各不相同。首先顧客在觀看商品陳列時，
一定會先以自己適合或喜歡的風格（類
型）為主，如果不對顧客的胃口，很可能
連觸摸商品的機會都沒有，這表示該顧客
就不是你的客群。但一般來說，陳列的互
動性、新奇與趣味感都很能吸引顧客的注
意，像是可以挑選字體印製的卡片、或是
會動會發光的商品，就很容易吸引顧客的
目光。因此一定要在陳列時就把特色展現
出來。也有些顧客，在意的是商品的質感，
針對這些顧客，便要能突顯商品的設計、

造型甚至是其功能性的巧思，此類顧客便容易受情境式的陳列吸引，在類生活化的場景中，引導顧客想像並認識商品在日常生活中所扮演的角色。

13 櫥窗陳列

每家店鋪的客群各不相同，如果顧客是先從網路認識店家，通常是願意特別來此拜訪的族群。因此未必有需要特別利用櫥窗招攬過路客，但如果想吸引過路客，建議在商品的擺放上，就要先挑出能讓人快速辨識的店鋪定位的商品。

在櫥窗的陳列上，也可多運用情境式的搭建吸引過路族群的目光。不過情境的搭建，還是要以商品為主體，若太過強調氛圍，觀看時無法連接到商品則是徒然，畢竟櫥窗能呈現的空間與範圍有限，還是要由具體的商品去思考，比較有效益。特別是其中色彩的表現，尤其重要。只要商品色彩夠顯眼，吸引路人注意的機率就更大。

14 更換商品陳列的週期

平均約一個月更換一次陳列是基本的週期，如果商品周轉率高，新品進來的時間快，變化陳列的週期則可以更短。某些店鋪甚至會以季為單位，全店大改商品的分區佈局，花費許多心力與精神，改動大件家具的位置。

花費心力與精神，讓老客戶有新鮮感是很重要的事情，另方面也可藉此檢視舊有的陳列邏輯是否有改善的空間。如果自己開立的店鋪商品定位不清，一年至終始終沒有變化，這樣下去就無法與其他商店做出區隔，隨著時間過去，就很容易會被消費者淘汰。

古俬選品

先以物品的顏色、材質搭配，例如，將同色系的商品放置在同一區，或是將色彩繽紛的老玩具都陳列於老鐵櫃裡，以降低整體彩度，一眼望去的視覺會較整齊。除了色彩搭配之外，也會透過不同種類的乾燥花材裝飾，以吸引人們的眼光。

15 加入策展概念的陳列

將店鋪中的商品以主題企劃，甚至是策展的形式包裝，也有助於提供顧客新鮮感。企劃或策展的陳列方式，也有機會讓原本被放置在不顯眼地方的商品，能夠被放置在較顯眼的地方，以刺激買氣。

而在規畫主題時，也可能會發現店內的品項有所缺乏，此時或也可以考慮與其他品牌或是店鋪合作，以店中店的方式，規劃主題。

對於單打獨鬥的風格小店來說，店中店或快閃的伙伴關係，讓自己有機會參與其他的店鋪或品牌的經驗，也有助於讓自己的商品流通或觸及到自己未曾想像的客群！

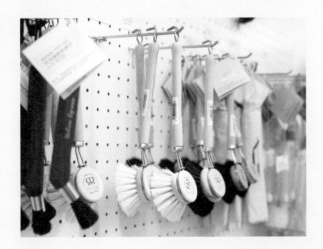

Brush&Green

不要為了陳列好看，只在乎商品的
外觀，而是商品外觀與實用性都要
兼顧，才能讓顧客回流購買。以讓
家人安心使用為選物的標準，讓顧
客挑選與日常所需的物件時，提供
美感與實用兼具的生活提案。

未來市

攤車與攤車之間的走道寬度，大約
設在 1 公尺左右。這樣的設計就像
在逛市集般，製造微小的緊張感，
四個角度都可以看商品，且可快速
製造群聚熱鬧的效果。

PART 2
陳列技巧大蒐羅

白色主義下的繽紛市集

— 未來市 The Gala Asia

#藝術精品 | #食品 | #家飾
#生活用品 | #服飾與配件
#清潔用品 | #廚房用具
#圖書 · 文具

未來市位於在保留著古蹟「大阪商船株式會社臺北
支店」樣貌的台北火車站前,古典與現代並存的建
築也象徵著未來市所傳遞「未來式」的理念。二、
三樓由「國家攝影文化中心」開辦攝影展覽,一樓
便是吸引人潮聚集的未來市。

在猶如船艙的長形空間裡,曾擔任「好樣VVG」執
行長的Grace精心挑選台灣的優質品牌,以白色包容
一切,又能突顯品牌獨特性的巧妙安排,像是一艘
載滿各式各樣繽紛玩意的船,帶領著在地品牌航向
生活美學的未來。

NCPI 未來市 The Gala Asia

地址:臺北市中正區忠孝西路一段 70 號 1F
電話:02-2375-5475
網址:https://www.thegalaasia.com/
營業時間:週二至日 10:00~19:00 (週一休館)
店鋪坪數:79.7 坪
販售品項:30 個品牌
(品牌的陳列商品數量沒有硬性規定,故列品牌數量)

運用白色讓每個品牌跳脫的陳列法則

在「國家攝影文化中心」的門口要進入未來市時，會發現有別於一般店面明顯的招牌，未來市在門口擺放白色簡潔的立牌，不但方便移動，而且還能吸引路過的顧客注意，一進入未來市抬起頭便會看到發亮的未來市招牌，在半遮半掩的綠色植物中，顯得更為閃耀。

未來市主要分為三大區域，走進店裡會先看到咖啡界高手COFFEE TO的咖啡吧檯區，與右側的座椅區。與咖啡區為鄰的中間區域，是引進將近20多個在地品牌的未來市，汲取「Dome」圓頂的概念，打造10座白色的方形攤車，以矩陣式整齊的排列，下方加裝輪子，讓這些攤車可以隨時變動位置、變成可大可小的市集。而攤車選用白色，是為了讓顧客在觀看種類繁多的商品時，不會被其他顏色干擾，也能夠完全展現品牌的特色。

穿越市集後，最後一個區域則是未來市為了呼應「國家攝影文化中心」特別創造的攝影書店，區域內從書架、桌椅、櫃台等細節，都呈現未來市一致的白色主義。

A. | COFFEE TO設在正門入口左方，溫潤的木頭質感和黃光，與白色極簡的未來式區塊劃分。

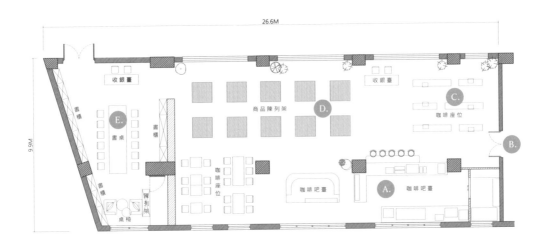

B. | 未來市的門口放著保持一貫白色風格的立牌,方便移動,也能吸引過客的注意。

C. | 開放式的咖啡座位區,創造了讓觀賞展覽的顧客喝咖啡歇息,感到舒服的空間。

D. | 白色主義概念下的未來市,以機動性十足的攤車排成矩陣,一進入店內上方吊掛綠色植栽,抬起頭就會看到發亮的招牌藏在之中的驚喜感。

E. | 位在最深處的書店呼應「國家攝影文化中心」的主題。

找到自己姿態的空間動線

未來市的動線規畫上，除了咖啡廳、市集和書店的大型區域外，未來市沒有刻意設計動線引導，沿用「市集」的概念，讓客人像在逛市集般無拘無束。像是坐落在未來市裡的咖啡座椅，沒有統一規格，反而有高有低，讓顧客在空間裡找到自己舒適的位置，傳達對未來式的開放度。

為了讓顧客在一邊觀看商品，一邊行走時，能刻意與他人些微擦身而過，攤車與攤車間的走道寬度，大約設在1公尺左右，這樣的設計就像在逛市集般，製造微小的緊張感，四個角度都可以看商品，且可快速製造群聚熱鬧的效果。

一走進攝影書店，就會看到攝影集以平面方式陳列的書牆，顧客會自動被吸引，形成從右開始走逛的動線，中間擺放桌子和椅子，讓顧客從書櫃取下攝影集後，馬上就能就座欣賞。

攤車走道間約1公尺寬，製造略為擦身而過的市集體驗感。

一走進書店就能看到的書牆，將攝影集以平面方式一本本間隔陳列，特別突顯這些攝影集，像是在邀請讀者翻閱。

視覺行銷的陳列心法
Visual Merchandising Ideas

創辦人 / 汪麗琴 Grace Wang

商品陳列容易犯的錯

* 商品只放置一個，會讓顧客下意識認為這是展示品，非販售品。
* 商品的數量和品項若不足，看起來會太多單調，讓人感受不到品牌的豐富度，則無法刺激買氣。
* 陳列只放在平面上，商品看起來會比較單調，可以使用層架或釣鉤，讓商品陳列更有層次。
* 擺放雜亂，讓容易讓顧客視覺觀感混亂。

給新手的陳列建議

* 陳列沒有對錯，只有美感夠不夠，比例很重要，看久了就會拿捏。
* 陳列需要累積大量的經驗，若想入行可以先到喜歡的店家工作學習。
* 選擇 3000K 的黃色柔光燈，讓顧客觀看時比較舒服，也能讓商品賣相看起來很好。
* 商品的數量和品項一定要足夠，以挑起顧客心中的購買欲望，建議展示商品多放幾個，也要
  在旁放置一些販售品；如果商品的品項不足，至少相同的商品數量一定要足夠。
* 當銷售狀況開始停滯時，可以調整陳列突顯想販售的商品，就有可能會帶動銷量。
* 選擇充滿生命力的綠色植栽，非人造植物，可以帶動整體的生氣的流動。

黃金陳列區的技巧
Hot Zone Display

放置商品的攤車由未來市特別訂做，汲取「Dome」的概念，從頂部優雅弧度撐出白色布幕的蓬頂、每一盞燈的設計、每一個組合的物件，和底部可以放庫存的櫃子，處處都暗藏著陳列的奧秒。

每一個品牌，就是一個獨立的攤車，Grace 把市集陳列邏輯，導入店面，完全顛覆以往零售陳列的思維。機動性高，小單位的攤車還可用於不同空間，室內室外皆可使用。

法則 001 展示台高度，決定顧客停留時間
攤車的檯面高度特別設定在 80 公分，適於多數顧客，Grace 認為這是多數顧客能夠輕易欣賞，並拿取商品的高度。

如果視線所及與手部拿取的位置落在不適合的高度，久了會讓顧客身體疲累，進而造成心理倦怠，就無法停留久一點。

法則 002 以觀看與商品為主的燈光設計
優雅的弧度撐出白色布幕的蓬頂，上下各有 4 盞投射燈，每一盞燈都有刻意設計照射的角度，能讓光在商品上比較柔和，也讓顧客在觀看時比較不刺眼。

法則 003 善用原有物件，使陳列有多樣性
蓬頂下的環形掛架、撐起蓬頂的 4 根柱子，這些物件都能讓
陳列商品更有多樣性，平台上也可以置放高低貨架、增加懸
掛線繩增加展示。

法則 004 顧及展示時的所有面向
攤車為 360 度無死角的陳列方式，可上、下、左、右、前、後
觀看商品。

法則 005 利用下方櫃創造庫存大空間
攤車下方有收納庫存的櫃子，不但方便店員點貨，商品銷
售後也可以快速補貨。

陳列重點聚焦
Display Key Points

法則 006 數大便是美的視覺豐富度

商品的數量與品項都很重要，才能帶來熱鬧豐富的購買體驗。若是產品的品項不夠多，至少同一個品項的商品數量要多。商品數量多的整理方式就是重疊、擺整齊，製造層次感。

法則 007 陳列最大原則──整齊

商品擺放的最大原則是整齊，例如馬克杯的把手一定要擺同一個方向，斜的角度要一致，看起來才會整齊，因為凌亂的外觀容易讓人心生不快與低價值感。不論美感如何，至少商品看起來不要散亂、歪七扭八，這是至上法則。

法則 008 從商品到品牌

顧客對品牌感覺陌生時，在判斷是否購買商品時，就會造成阻力。

未來市的每個攤車上都有前後各一面 LCD 播放品牌故事，藉由影像動態的傳遞，讓有心認識品牌的消費者更能因產生認同感，進而支持該品牌。

法則 009 價格標籤與品牌風格的協調

價格標籤可自由決定呈現方式，以能搭配商品的設計為主，注意協調性即可。

若有些商品不方便貼上標籤，不妨另外設計一塊標籤牌，統整所有品項與價格，也是簡潔俐落又有效率的呈現方式。

法則 010 由高到低的層次感陳列法

這個攤位上所販售的都是農產品，與其它攤位只有兩個品牌不同，運用木板分為三個品牌。

陳列上，也運用商品本身的特性，像是罐頭較為穩固，也能堆疊，就運用了塔式陳列。

面對平面商品，像是果乾，使用不同高低和大小的木櫃，讓整體呈現階梯狀，更容易被顧客看見。

井 藝術精品 | # 食品 | # 家飾
~~生活用品~~ | # 服飾與配件
清潔用品 | # 廚房用具
~~圖書・文具~~

水平與垂直原則的精準陳列術

— 禮拜文房具 TOOLS to LIVEBY

創立於 2012 年的禮拜文房具，位於清幽的小公園旁，剛開店時還沒有類型相似的文具店，因此造成了一股新風潮。

老闆 Karen 本身是一位文具迷，平時熱衷於蒐集各種文具，也喜愛造訪國外的文具店，她觀察許多人有很好的穿著品味，卻沒有風格相當的文具陪襯，但其實只要花費稍高的預算，就能找到質感好、機能性高的文具用品。於是 Karen 抱持著「分享」的心態，經過她用心的挑選，讓看似微小的文具用品，改變桌上的風景。

禮拜文房具 TOOLS to LIVEBY (台北樂利總店)

地址：台北市大安區樂利路 72 巷 15 號
電話：02-2739-1080
網址：https://www.toolstoliveby.com.tw
營業時間：星期二至星期六　12:00 - 21:00
　　　　　　星期日 12:00 - 19:00 (週一公休)
店鋪坪數：10-12 坪
販售品項：3000 項

A. | 中央的區域引導顧客走逛的動線，同時也是銷售表現最好的黃金陳列區，陳列著當季的主題，還有最新商品和生活用品。

一進門就能看到的活版印刷機，與品牌定位為「活版印刷的小型工作室」的復古風格相呼應。

運用品牌思維設定的風格布局

本業是平面設計師的老闆 Karen，過去曾參與許多品牌的設計，因此當初在定義禮拜文房具的風格時，並不是用一家店思考，而是以「品牌」的概念打造，從品牌的個性、模樣、氛圍到服務，塑造屬於禮拜文房具的品牌，並在創立第二年開始推出自創商品，目前已經銷售至全世界。

Karen 將禮拜文房具設定為「活版印刷的小型工作室」，一走進門就能看到全世界只有兩台的百年活版印刷機，店內的家具也是精挑細選，像是師傅使用的活字排版桌、擺放木活字的鐵櫃等。此外，在自創商品中，也有使用活版印刷印製的明信片、卡片等。

禮拜文房具有三大選物原則：第一是機能，例如筆一定要好寫，如果不好寫就不是工具，而是裝飾品；第二是文具商品的比例設計要好，身為平面設計師 Karen 特別地在意；第三是商品背後所傳遞的價值。Karen 認為擁有這些原則的商品才能成為經典，持續地被保存。

B. ｜右側區域因前方有樓梯、後方有廁所，以至於能運用的空間較小。

C. ｜櫃台保留了左右兩邊的通道，方便店員拿取存貨、結帳、包裝商品。

D. ｜左側擺設的家具較多，以高低間交錯呈現層次感。進門處的小桌子上，擺放著不定期更新的印章，讓文具迷能蒐集。

有限空間打造平衡的空間動線

禮拜文房具的空間是由車庫改造，所以為狹長型、坪數也較小，因此在考量動線時，優先考量中央的桌子，再分為左側與右側的區域。走道留下 80 至 100 公分的走逛空間，是兩個人同時通過時，只要稍微側身就能經過的距離。

中央的桌子能引導顧客形成走逛的循環，一般客人都是由右側進入後，再由左側離開。在走逛動線的中間，桌子與桌子間，留了一條通道，讓顧客可以改變走逛方向，雖然店內坪數小，還是能增加動線的變化性。

其實當初禮拜文房具考慮過將櫃檯放在門口，但考量到會帶給客人太大的壓力，以至於不敢走進店裡，也考量到庫存區與廁所都在最裡面，因此將櫃檯設置在此。後來許多顧客有送禮物的需求，因此將櫃台保留足夠的空間，讓每個顧客的心意能被包裝好。

禮拜文房具動線較單純，走道留下 80 至 100 公分的走逛空間。

禮拜文房具的空間為狹長型，進出的顧客必定都會行經店中間的位置，因此特意在中間的通道留有 100 公分的距離，就算是走逛方向不同的顧客相遇也不會撞到。

視覺行銷的陳列心法
Visual Merchandising Ideas

老闆 / Karen

商品陳列容易犯的錯

* 現在能學習陳列的資訊很多，但是要避免只會說一口好陳列，所以除了看之外也要動手操作，
能夠實際落實很重要。

* 大家都會想快一點成功，但是陳列的美感需要時間慢慢養成，不要急，敞開心學習，將陳列當
作喜歡的事物累積，會慢慢找到適合自己的風格。

給新手的陳列建議

* 一開始可以將陳列當作一個實驗，一到兩個禮拜就重新陳列一次，觀察顧客的反應。

* 可以利用道具搭配，展示每一個商品的獨特性，才能讓顧客在眾多物品中，對商品產生印象。

* 如果商品繁多、體積也較小，倉庫需要陳列規範，才能容易尋找存貨，也比較容易盤點。

* 可以參考日本販售食品和罐頭的店家，運用「企劃」的概念，讓商品的陳列和銷售的搭配都富
有內容性。

黃金陳列區的技巧
Hot Zone Display

放置在中央的長桌為禮拜文房具的黃金陳列區（請參考 P.34 平面圖 A）。朝向門口的前半段，擺放著最新的商品，後半段在中間放置老件的小木櫃，高低不同的木櫃在視覺上創造了層次感，也讓長桌能分為左右。

陳列上，運用老件作為輔助道具，像是老書、畫框、舊報紙等，將道具作為背景，讓商品擁有層次感。最重要的文具：筆，一部分會以水平或垂直陳列，可以讓顧客一目瞭然，也藉由規則、順序統一的陳列方式，凸顯每一支筆的特色。

另一部分的筆，運用果醬瓶、藥瓶等生活小物件放置，變成立體的陳列方式。

在營造氛圍上，會隨著季節更迭擺放不同種類的鮮花，鮮花枯萎後會製成乾燥花，成為陳列時的小道具。

禮拜文房具也會不定期策展主題，會使用主桌上方吊掛不同的物品，像是有一年聖誕節上方就掛滿了小日曆，讓顧客能拿走自己的代表日。

法則 011 平面商品立體放的層架陳列
前半段陳列最新商品的區域，運用層架陳列，讓平面商品能夠站立，引起顧客的注目，並讓視覺平穩卻不單調，如果商品有不同花色和樣式，也能讓顧客比較容易拿取與挑選。

法則 012 水平與垂直的陳列術
Karen 說剛開店時，鮮少有店家在平面的桌子上，運用水平與垂直原則，除了能讓顧客一目了然，也能呈現每一支筆的特色。對於陳列十分要求的禮拜文房具，堅持顧客離開後，一定會重新調整每一隻筆。

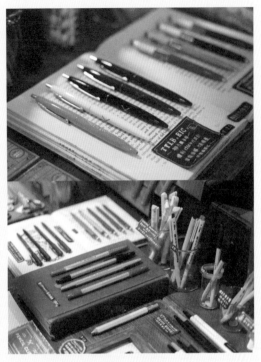

法則 013 運用道具創造方向性

在中央使用打開後能整個展開的木盒,將主桌分為左右。另外,從高至低的層架也能創造層次感。運用道具的特色,烘托禮拜文具房的復古氛圍,也讓每一個商品能更加突出。

法則 014 生活小物作為背景,增加豐富度

由於筆類商品皆使用水平、垂直的原則,為了增加平面的豐富性,運用像是書、畫框等老物件,有了生活小物的襯托後,視覺更加活潑,也創造了不同的氛圍。

法則 015 主題性策展,打造氛圍

在主桌上吊掛與當期策展主題呼應的物品。採訪當天的主題是「旅行」,因此吊掛著不同樣式的地球。由於之前 Karen 在法國時,進入一家掛滿聖誕裝飾品的店,裝飾品的高度會讓客人輕撞到,她覺得很有趣,因此她也刻意調整吊掛物品的高度,讓顧客走動時輕撞到,藉此創造驚喜感。

陳列重點聚焦
Display Key Points

法則 016 完整展示袋子和包包

包袋類的商品，可以使用文件夾子攤平的方式陳列，顧客能清楚看到大小、材質、顏色等，也能讓想搜尋包袋的顧客能迅速找到。

法則 017 玻璃展示櫃的陳列變化法

運用水平與垂直陳列法則，但是稍做變化，剪刀以交錯的方式擺放，特別打光突顯中央的重點商品。而右側將商品從高至低擺放，展現節奏感，也能讓商品都清楚展示。

法則 018 運用撞色，創造活潑感

當同類的商品有許多顏色時，可以使用「撞色」的陳列
方式，例如：在紅色旁放綠色，或是在黃色旁放藍色，
運用色彩心理的巧思，讓整體更加活潑。

法則 019 標價牌為陳列的延伸

將商品的調性延伸，標價與介紹牌運用手繪的方式呈現，讓平時被忽略，或
只有提供資訊功能的標籤，也能成為陳列中的亮點，也能帶給顧客小驚喜。

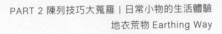

＃藝術精品｜＃食品｜＃家飾
＃生活用品｜＃服飾與配件
＃清潔用品｜＃廚房用具
＃圖書·文具

交融大地質感的台式新復古

— 地衣荒物 Earthing Way

在大稻埕的百年街屋裡，地衣荒物於 2016 年創立，並致力於「文化拾荒」的新舊融合，以復興台式美學的角度切入，搜羅以自然材質製作的生活器物，如陶器、金工、竹製、木刻、棉麻織品、皮革等物件，呈現其原始質樸之美。

除了將具有歷史韻味的老古物擦亮，使其重新回到現代生活之中，也引進當代工藝家與傳統技藝職人的作品，團隊更自創質感商品。不定時舉辦展演、講座及工作坊等藝文活動，塑造出反璞歸真的招牌調性，成為介於藝廊與商店之間的特色風格場域。

地衣荒物 Earthing Way

地址：台北市大同區民樂街 34 號
電話：02-2550-2270
網址：https://earthingway.waca.ec/
營業時間：週三到週日 10:30-19:30
店鋪坪數：店內約 11 坪，戶外空間約 9 坪
販售品項：約 50 個品牌，每個品牌約 5-10 件商品

A. | 和諧搭配木質調的老件家具作為陳列道具，將不同類型的商品的陳設有所區隔，創造陳列的變化性。

風格與陳列的布局

Style and Display Arrangement

由商品特性發展陳列風格

一走進地衣荒物彌漫著木質調的氣味，空間整體的色彩飽和度與彩度較低，讓人自然而然融入土地的氛圍裡。品牌主理人謝欣翰最初定調風格時，期待保留原始與傳統的產物，卻仍讓年輕人可以接受，試圖尋找「台式新復古」的樣貌，因此跳脫印象中鮮豔活力的台式美感，選擇以大地色系整合黑灰白，創造樸實卻又不平淡的感受，以時代記憶的元素塑造現代，讓器物回歸於生活。

陳列的源頭必須先了解商品的特性，因此在空間的規劃上，也依照商品的特質而發想，謝欣翰說：「有些物件比較適合某種高度，就會根據為此特別設計層板，或挑選搭配的材質」。

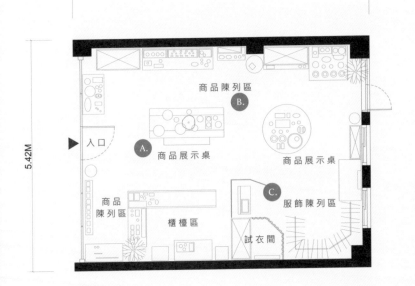

7.12M

5.42M

入口

商品陳列區

B.

A.
商品展示桌

商品展示桌

商品
陳列區

櫃檯區

C.
服飾陳列區

試衣間

B.

C.

B.｜台式圓桌具有商品使用情境的展示功能，呈現鮮明的商品主題感，將圓桌置於中央，也使周圍走道更有走逛的餘裕。

C.｜服飾陳列區的陳列會較為固定，但是運用老件的折疊式架子，創造變化性大的空間，服裝以傳統服飾店的衣架吊掛，維持低調卻樸實的氛圍。

為了打造一致的風格，店裡選擇以老家具、老件，如木箱、鐵梯等物件作為陳列的輔助道具，塑造隨性的生活感、傳遞溫度，不過挑選時也有訣竅，像是現代感過於強烈或風格不同的物件，就會感覺很突兀；以材質來說，太過油亮的木頭也不適於地衣荒物的空間。

由於每個陳列的道具難免有自己的個性，因此盡量維持商品與道具的平衡，才能創造空間整體的協調感，並讓亮點都留給商品。

區域功能各異，打造值得探索的細節

地衣荒物店的動線規劃單純，一推開木門窗，迎面而來的便是展示形象的中島長桌，左右兩側則為櫃檯及較高的展示櫃，走逛路線以環繞中心為主軸。謝欣翰說，<u>店裡每一區都有好跑（銷售成績佳）、好看（情境塑造展示）、好拿（整齊明確擺放）、好逛（商品擁有豐富細節）、好拍（社群行銷打卡點）的特性與功能</u>，相互配合，共同完整店舖的層次。

陳列觀看的距離是值得細究之處，運用「遠看為山，近看為林，再近則為樹」的概念，<u>運用主題情境式陳列，但走近看，商品的個體性仍清楚且有故事性</u>。由距離遠到近的變化，讓顧客在店內不同處時，都能持續發現商品的變化與巧思，透過為顧客創造值得探索的細節，讓走逛體驗樂趣無窮，因此店裡的空間不大，依舊能拉長顧客的停留的時間。

藉由每一期的主題企劃陳列樣貌，策展式的選品使用與店內風格一致的介紹牌，讓顧客了解物件背後的故事與文化脈絡。另外也以平靜氛圍的音樂，使顧客在店內不自覺地放慢腳步，一不小心就浮現正在看展覽的錯覺。

店舖動線環繞著中島長桌，做為視覺展示重點，四周圍則以不同形式的展示櫃分區陳列。

商品介紹牌錯落擺放於陳列櫃中或貼於壁面，塑造藝廊般的觀看體驗，利用文字，增加顧客視線的停留時間。

視覺行銷的陳列心法
Visual Merchandising Ideas

共同創辦人／謝欣翰

商品陳列容易犯的錯

* 為了美觀而使得商品不容易拿取，或不方便復原，容易使顧客產生不好逛的感覺，所以要站在顧客
的立場著想，也要注意商品容不容易清潔。
* 剛開始開店時，因為有成本壓力，將商品擺得很滿，誤以為多擺就會多賣，但必須克服不安全感，適度
保持留白，才能為商品帶來呼吸感，不要為了陳列而陳列。
* 能夠一眼看完的陳列比較沒有神秘感，也會造成視覺沒重點，因此商品並非只能擺在明顯處，可以
適當地遮蔽、留白與隱藏。

給新手的陳列建議

* 商品的挑選才是根本，它們才是組合出陳列的最大要素，因此陳列的家具或道具不能搶過商品風
采，以簡單、呼應店舖風格、細節即可。
* 要明確安排與預期商品被顧客看到的先後順序。
* 擁有觀察和實驗精神，反覆嘗試做陳列的變化，也給每個商品舞台和機會。
* 必須經常以顧客的角度試逛，不能只站在老闆或店員的角度觀看陳列。
* 根據商品的材質、顏色、風格塑造空間的區隔。

法則 020 保持陳列的流動性
由於許多商品僅有一件,作為情境陳列售出時,便需要更換陳列的樣貌。此區的主題性經常會不定期地更動,因此保持陳列與商品的流動性相當重要。

黃金陳列區的技巧
Hot Zone Display

善用道具特性塑造氣場

前半段的中島長桌不以銷量見長,反而作為店舖的主題形象,塑造走進店裡第一眼就能看見的視覺焦點。偏向西式風格的長桌在鋪上茶席布後,便一改原有調性,散發出東方禪意。上頭陳列圓形器皿、花器等質樸韻味的商品,形成圓形(器皿)與直線條(茶席布)的幾何構圖,不僅交錯輪廓的變化,也大量運用深淺對比跳色,以及些微的金屬點綴,使得此區「遠看有氛圍,近看有細節」。

黃金陳列區除了混搭不同的品牌,作為形象展示外,也兼具商品用途的示範。地衣荒物許多顧客為咖啡或甜點店老闆、茶人、室內設計師或攝影師、美術工作者,透過陳列營造使用情境,使顧客知道擺盤或拍攝時的大小比例,透過不同商品的組合,便很容易產生靈感與想像。

桌面的高度剛好在顧客走逛時,包袋會不小心觸碰到的地方,因此運用花器中的枯枝,不只是營造氛圍的美感,也能讓顧客留意桌面物品,與其維持一定的距離。

法則 021 情境陳列的混搭提案
運用堆疊,以及物件的體積創造層次。置於桌面的器皿高度較低,可使用較小的物件搭配,以群聚創造豐富感。善用陳列道具將商品墊高,塑造展示高度。花器的植物則會成為三角構圖的最高處。掌握不同材質與色彩間的協調,便可維持風格的整體性。

陳列重點聚焦
Display Key Points

法則 022 情境與商品對應

台式木圓桌上統一陳列直立造型的商品創造祭祀
感的氛圍，對應「儀式道具」的商品，更特別選
用當代工藝家的作品作為盛裝的物件。

而蠟燭引線與燃燒的裊裊熏煙，皆有圍繞著中心
向上延伸的感受。在圓桌的後方，即是儀式道具
的香氛商品，帶領顧客的視線聯想器物的使用情
境，以及促成搭配購買的效果。

法則 023 掌握光與影，創造陰翳之美

在一些區域裡，不將商品擺滿，而是刻意保留留白，運用光的方向與植物的枝葉，創造觀賞的趣味性，搭配手感溫潤樸實的器皿，營造猶如日本「侘寂」沉靜的感受。讓顧客不被商品淹沒，而是能稍微停下來欣賞商品。

法則 024 設置好入手的策展主題區

位於門口左側，陳列著線上企劃的主題商品的小桌，讓藉由網路認識店鋪的顧客，能快速找到想熟悉的商品。此區的商品以價格較容易入手的小物，避免顧客進門後因價格與商品產生距離感，也能讓即將離開的顧客，有機會順手購買。

法則 025 依商品特性安排陳列位置

服飾選品使用自然材質製成，以大地色、水色、土色等調性貫徹店內風格，並保留較大的區域空間，因為顧客在碰觸服飾配件時需要獨立的空間，也需要安全感，如：照鏡子、比衣服、試穿等。因此服裝飾品類的商品不適合靠近門口。由於服飾類的量體大、各有亮點，因此陳列道具選用低調單純的古早衣架，以及早期軍醫院的屏風作為衣桿。

法則 026 善用燈光襯托玻璃商品透明感

玻璃類型的商品因為透明及反光的特性，透過擺放的角度，運用後方的燈光，
如同打燈的效果，產生逆光之感，顯現玻璃上的花紋，巧妙借位表現商品特徵。

藝術精品 | # 食品 | # 家飾
生活用品 | # 服飾與配件
清潔用品 | # 廚房用具
圖書・文具

回歸商品本質，生活提案陳列學

— BRUSH & GREEN

主理人東泰利原本經營著選物與餐飲結合的複合式咖啡廳「61NOTE」，為了引進更多優質的國內外品牌，也需要更大的空間舉辦讓顧客實際接觸物件的展覽，在 2016 年，獨立開設了專注於刷具和園藝的 Brush & Green，以環保、天然為主張，強調每一項商品的實用性。在展覽部分，Brush & Green 與不同國家的創作者合作，讓創作者的商品能完全伸展。

主理人東泰利以讓家人安心使用為選物的標準，希望讓顧客挑選與日常所需的物件時，提供美感與實用兼具的生活提案。

BRUSH & GREEN

地址：臺北市大安區潮州街 80 號
電話：02-2555-0849
網址：https://www.61note.com.tw/
營業時間：週三至週日 10:30 am-7:30pm（週一、二公休）
店鋪坪數：40 坪
販售品項：上千項（刷具約 200 種）

A. | 植物區陳列著植栽與盆器，玻璃櫥窗可以讓客人看到店內販售的植物外，也能提供植物自然的光線。

風格與陳列的布局
Style and Display Arrangement

運用天然材質，創造舒適的陳列感受

Brush & Green 店舖外充滿了綠意盎然的植物，白色的立牌在綠葉間更引人注目，透過落地窗依稀可見店內所販售的植栽，從外觀就營造舒服、放鬆的氛圍。緊扣著環保和天然的訴求，Brush & Green 陳列的家具統一使用木頭、鍍鋅板材質。老闆東泰利說，他喜歡使用物品後所產生的紋理，材質的運用也讓店內的整體色調一致、簡潔。

Brush & Green 分為四個區域，走進店裡會先被右側的植物區吸引，層架上陳列著不同種類的植物，和盛裝植物的花器，也是在販售的商品。花器來自世界各地的品牌，像是來自美國的植物袋、來自日本陶藝師的手作陶盆等。

門口左側擺放著長桌，陳列的商品種類較為多樣化，例如薰香用品、玻璃器具、木製餐具等，將同一品牌的商品聚集，當顧客對商品有疑惑時，店員能親自介紹整個品牌的概念，進而建立與顧客之間的交流。長桌旁的壁板（洞洞板）區，掛著各式各樣的刷具，為了配合變動性大的商品進貨頻率，壁板能夠快速重新陳列。最後一個區域是後方的展覽區，Brush & Green 不定期邀請來自世界各地不同的品牌展出，讓店內增添了藝術的色彩。

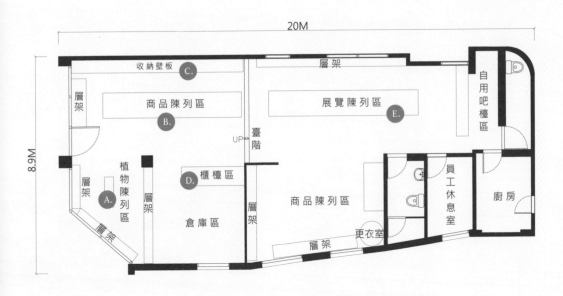

B.	D.
C.	E.

B. | 進門左側為長桌，商品的種類較多元，保持一致的簡潔風格，陳列方式以集中品牌商品為主。

C. | 考量商品種類和數量變動性大，特別訂製的整面壁板（洞洞板）能夠快速變換陳列。

D. | 櫃台上方吊掛店裡販售的花盆與植栽，櫃台後方以層架擺放庫存，同樣是鍍鋅板材質，維持與店內同樣的色調整齊排列，沒有既定印象中庫存區的凌亂。

E. | 不定期更換主題的展覽區，拍攝時是與日本的服裝設計師合作。陳列的棉繩與木桿，是為了本次展覽特別搭建。

運用大型物件創造探索感的空間動線

從五金行林立的太原路搬遷到潮州街的 Brush
& Green，在動線安排上，最先考量的是大型
家具的位置。因此在動線安排上，每個區域中
央都擺放著大型家具，像是植物區中央的工作
桌（請參考 P.54 平面圖 A），除了讓店員處理植
物外，也能創造讓顧客環繞的動線。商品陳列
區的長桌（請參考 P.55 平面圖 B），藉由商品
的介紹牌劃分為前後區，安排顧客從前到後的
走逛動線，也方便顧客拿取商品。

展覽區擺放在中央的服飾（請參考 P.55 平面圖
E），讓顧客能自由穿梭於服裝之間，創造了
探索的驚喜感，進而增加顧客停留的時間。這
種環繞式的空間動線，走道一定要留給兩個人
側面能通過的寬度，才不會有相撞的可能。

以燈管的長條狀連接長型的空間，溫和的燈光能讓顧
客看得清楚商品外，也不會刺眼。

在燈光運用上，為了配合長形的空間，
Brush & Green 以燈管貫穿，創造空間
連結的感覺，也讓顧客自然而然地被引
導到空間的最深處。選擇偏白的燈光，
讓顧客能看到商品真實的色彩和紋理。

然而，植物區的燈光，會按照不同種類
的植物所需的日照時間和強度，而有所
不同。也會利用層架的高低位置，像是
讓需要大量陽光的植物擺放在最上層。

老闆東泰利也特別提到，由於店面為長
形，再加上植物需要空氣，因此會在各
處加上循環扇讓空氣流通。

植物區的燈光以植物所需的光線為主，需要加強的植物會以燈
管和軌道燈的光線輔助。

運用介紹牌呈現的方向，將長桌切為前與後，引導顧客先在前
方觀看後，再往後方走逛。

視覺行銷的陳列心法
Visual Merchandising Ideas

老闆／東泰利

商品陳列容易犯的錯

＊不要為了陳列好看，只在乎商品的外觀，而是商品外觀與實用性都要兼顧，才能讓顧客回流購買。

＊陳列時一定要考慮店裡的風格、商品種類等，如果突然出現很違和的商品，反而會讓顧客很疑惑。

給新手的陳列建議

＊一定要多觀察不同店家的陳列，來自日本大阪的東泰利，非常推薦可以到日本的百貨店觀察，特別是當商品有很多種類，也很多件時，會如何陳列。

＊有時候要懂得「斷捨離」，將一些物件丟棄，才能讓新的想法進來。

＊在陳列上要保持視覺的豐富度，如果某項商品已經銷售完，一定要用其他商品補上。

＊如果販售的多為日常生活用品，建議一定要讓顧客可以親自觸碰，才能讓顧客安心，陳列的位置也要以能讓顧客方便拿取、試用為考量點。

黃金陳列區的技巧
Hot Zone Display

擁有一整面刷具的壁板區,是 Brush & Green 的主力商品,也是黃金陳列區。前半段以廚房用具為主,是店裡最早開始販售的類型;中段以除塵的鴕鳥毛撢子為主,相較於常見的雞毛,鴕鳥毛時常引起顧客好奇,長型的鴕鳥毛撢子在陳列時也容易造成視覺的焦點;後半段以熱賣的刷具種類為主,將熱賣商品放到最後面,是為了讓顧客增加購買其他商品的可能性。

由於使用壁板,陳列的方式主要以吊掛為主,商品種類的多樣性就更重要了,為了保持視覺豐富感,因此在商品販售完之後,會補上包包、袋子等其他種類的商品。

壁板的特性也能讓陳列調動比較快速。但是當商品不能掛起來時,會在壁板上添加隔板,增加陳列方式的變化性,也方便顧客觀看和拿取。

法則 027 運用幾何圖形陳列法
運用壁板洞徑距離相同的特性,將不同種類的商品以矩形的陳列方式分區,也方便顧客拿取。當陳列的商品很多種類時,一定要保持整齊和統一,才不會顯得凌亂。

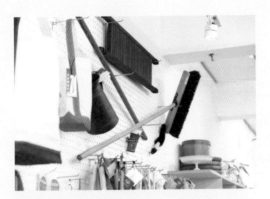

法則 028 破壞規則性,創造驚喜感

陳列時可以在一些地方增添視覺趣味,像是將長柄刷交叉放置,打破了吊掛的垂直線條,創造顧客在觀看時的驚喜感。

法則 029 使平面商品擁有立體感

當商品擺放在平面的桌上時,容易讓顧客忽略,可以將商品運用道具立起來,讓顧客清楚看到商品不同樣式間的差別,也可以增加陳列時的立體感。

像是利用壁板增加層架,讓刷子能堆疊陳列、運用道具讓牙刷站立,或是使用立架讓商品呈現傾斜的狀態。

陳列重點聚焦
Display Key Points

法則 030 善用道具陳列玻璃商品

玻璃材質的商品要特別注意刮傷的問題，可以在下方鋪一塊布，也能讓顧客看清楚玻璃商品的樣子。可以使用不同材質的物品作為陳列的背景，像是運用木板，可以突顯商品，也可以成為商品與商品間的區分。

法則 031 運用高度優勢，把握層架中間的陳列法

層架的中間陳列高單價的手工陶器，容易讓顧客第一眼就看到，也比較好拿取，減少摔到的安全問題。東泰利的陳列邏輯是先以品牌區分，再以款式聚集陳列，以量感吸引顧客的目光。

法則 032 將同一主題商品聚集

前半段以廚房用具為主，視覺所及的高度會陳列主力商品，上方與下方則會陳列與廚房相關的用具，例如：水桶、梯子等，讓顧客能想像使用的情境。原本只是填補缺貨的包包與袋子，也會按照款式放在一起，讓視覺不會雜亂。

法則 033 運用稀有商品打造視覺焦點

中段的鴕鳥毛撢子，少見的鴕鳥毛加上體積較大，馬上就成為視覺焦點。這區的陳列商品以長柄用具為主，也產生垂直線條的統一感。

法則 034 跳脫視覺的嗅覺氛圍

長桌前方陳列薰香用品，可以讓顧客一進門就感受嗅覺創造的情境，進而對商品感到好奇。陳列不只是視覺上，在嗅覺上也讓顧客進入店裡的氛圍。

法則 035 運用道具，打造高變化性吊衣架

服飾的位置和數量時常改變，可以在牆上使用掛鉤和吊線，如果使用一般的吊衣架，沒有使用後會造成倉庫很大的負擔。不只是陳列服飾，只要稍加改變不同工具，都能陳列不同種類的商品。

以設計思維推進陳列的復古延伸

— Paripari apt.

位在台南忠義路巷弄裡的 Paripari，由一樓選物店、二樓咖啡館和三樓民宿所組成，最初的空間設計，是由空間設計師謝欣曄（人稱小又），以及鳥飛古物店主理人葉家宏所規劃。

2018 年成立時，一樓由鳥飛古物店進駐，後來需要更大的空間，便遷出到其他地方，一樓則改為選品雜貨行。現在的 Paripari 除了有與香氛、音樂、生活用品相關的選品，以及自創商品之外，也不時舉辦品牌的快閃活動。有趣多元的選品，加上復古吸睛的空間，成為許多觀光客到台南必拜訪的景點。

Paripari apt.

地址：台南市中西區忠義路二段 158 巷 9 號
電話：06-221-3266
網址：https://paripariapt.co/
營業時間：11:00-18:00 週四固定公休（特殊休日請參考 FB／IG 公告）
店鋪坪數：20 坪
販售品項：100 件以上

藝術精品 | # 食品 | # 家飾
生活用品 | # 服飾與配件
清潔用品 | # 廚房用具
圖書、文具

風格與陳列的布局
Style and Display Arrangement

照明在空間裡扮演重要的角色，使用黃光可以打造良好的氣氛，白光則讓人看得清楚，而 Paripari 使用黃白燈光混合的方式。例如，櫃檯雖然整體看起來是暖色，但照進工作區域則有混合白光，工作整天才不會眼睛疲勞。部分的商品區也使用黃白燈光混合，讓顧客能看清楚商品的細節。

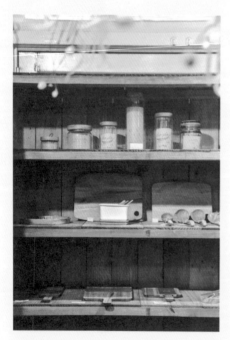

除了台灣選品，也有進口或代理國外品牌，此區為泰國生活用品品牌 CHABATREE。

保存建築樣貌，延伸風格

Paripari 最初的風格定調，是由建築的樣貌與建造的年份出發。小又說，這間房子的房東，年輕時曾在日本唸書，回台之後蓋了這棟建築，那時正是昭和時期，建築本身就相當有日式美感，於是決定將房子的配色和物件繼續沿用。由於一樓起初是以古物店做空間規劃，所以沒有設立其他的倉儲空間，這兩年轉為選物店之後，才以布簾分隔倉儲區。

Paripari 的選品來源，有的是由店長曹欣媛所挑選，也有自行前來邀約合作的品牌，種類從音樂唱片、香氛到服飾都有。在陳列規劃上，通常以品牌主導，欣媛則負責協助和給予建議，店裡也有提供不同功能的大型展示傢俱，讓品牌方自由運用。快閃或進駐結束之後，品牌也會將部份商品留下來繼續販售，增加 Paripari 整體的豐富性。

除了多元的商品種類之外，燈光也是 Paripari 規劃時很重要的一部分，店裡使用黃白光夾雜的方式。雖然黃光能營造氣氛，但是白光看起來較清晰，也較不容易疲勞，在兩種色溫光源搭配使用下，讓顧客既沉浸在老房的氛圍中，也能看見商品的細節。

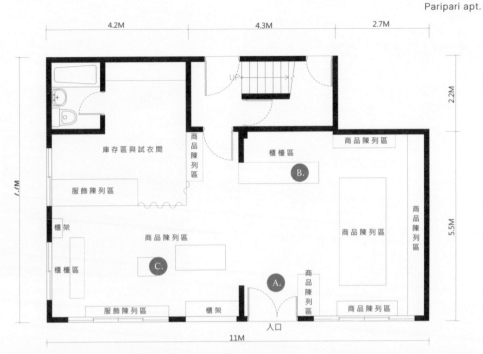

A. | 門外的座椅原本設定為二樓咖啡館的候位區，卻意外地和櫥窗的門神老虎插畫，一同成了人們前來拍照打卡的景點。

B. | 一進門就可以看見櫃檯，引領前往咖啡館的客人往一旁的樓梯間走去。

C. | 進門後的左邊區域，主要是品牌的快閃區，品牌主理人不時也會在此駐店，形成像是店中店的樣貌。

從動線到陳列，最後才是風格

在規劃空間的順序時，小又說「動線就是設計師所說的平面配置，這永遠都是最優先的考量，再來是商品陳列的方式，以及每區商品的主角、配角及輕重緩急的安排，最後才會是風格。」空間設計就像是創作，而創作又分理性與慾望，理性指的是平面配置與陳列，取決於想要賣多少商品、希望多少客人走進來；慾望則是風格，思考如何將個人的喜好，透過想像立體化並實踐。而這樣理性與慾望交織的創作脈絡，就實踐在 Paripari 的空間裡。

由於店面坪數不大，照理來說不太需要專人指引動線，但是有一部分的客人，走進 Paripari 是為了找尋前往二樓咖啡館的路徑，因此他們將櫃檯安排在一進門即可看到的地方，就像旅館領檯，可以引導顧客的動線。而長方形的空間兩側，都在中央擺放著展示櫃，無論是從正門進入逛選物店，或是從樓上咖啡館、民宿離開的旅客，都能順著「∞」的動線方式繞圈走逛。

刻意在兩個區域中央放置的展示櫃，可以引導不同方向進入店內的顧客，都以「∞」的動線方式走逛。

視覺行銷的陳列心法
Visual Merchandising Ideas

左：主理人／謝欣曄（小又）
右：店長／曹欣媛

商品陳列容易犯的錯

* 有時候店內的裝潢或陳列風格過於強烈，反而會搶走商品本身的焦點。
* 店家的風格、陳列方式看起來都太相似了，少有新意。

給新手的陳列建議

* 可以觀察無印良品的陳列，商品種類雖然很多，陳列卻非常有條理，且每個擺放位置都有其意
  義，尤其是季節性或促銷商品的陳列，非常顯眼、吸睛，這些規則來自長期經驗累積和數據分析。
* 如果想找尋不同的風格，可以到台南街區的老店看看，像老西裝店就會用直立式的櫥窗陳列，
  老餅店、咖啡館的裝潢和陳列也都很固定。以前的店家決定好做什麼，就幾乎不會改變，現在
  雖然也有類似想法的店家，但是很難做出專心一致的樣子。

法則 036 密集陳列與高度遮蔽，讓顧客自在走逛

顧客在有安全感的地方，會停留比較久，像是密集陳列商品，或是有高度遮蔽的地方，而此區就同時滿足這兩樣條件。不過在提供顧客自在的空間之餘，也不能忘了防盜概念，因此櫃子還是要以讓工作人員看得到的高度為主。離櫃檯稍近的地方可以放些小物件，遠的就放衣服、提袋等大商品。

黃金陳列區的技巧
Hot Zone Display

雖然最初並沒有特別規劃，但以小又和欣媛的觀察，進門後右側的區域，是店裡的黃金陳列區。除了這一區是從外面經過時，可以透過玻璃窗看到的區域之外，整面牆大量陳列商品的立柱系統，也能立刻吸引進門顧客的視線。

小又說「離櫃檯太近的地方，人會自然而然的遠離，有點高度的櫃子，可以稍微擋住視線，大家會比較有安全感，就會想靠過去。」因此，此區擺放了較高的中藥櫃，並陳列密度較高的商品。

法則 037 運用立柱系統，創造彈性卻和諧的陳列

常見於商店陳列的立柱系統，可以隨著不同進駐的品牌商品，自由彈性地調整層架數量與高度，讓空間不僅限於平面，更有深淺的層次感。目前黃金陳列區主要為品牌「大浪漫唱片」使用，另有 Paripari 自創品牌的服裝，以及先前曾進駐過的品牌，如原印臺南、合成帆布行等。不同風格的商品，透過立柱系統的層架區隔，陳列在一起也十分和諧。

法則 038 讓商品擁有陳列律動感

跟立柱系統類似概念的木質壁板（洞洞板），運用在小區域的陳列上，可以彈性調整商品位置。

目前主要放置的是七寸的黑膠唱片，高低交錯的擺放，增加了陳列律動感。一旁的徽章與吊飾，則以並排和垂吊的方式展示，讓小物件在中型商品旁，也不會失去焦點。

陳列重點聚焦
Display Key Points

法則 039 標價牌融入品牌風格

由於店裡經常與不同風格的品牌合作，因此每一個品牌的標價，也會跟著其個性變換，像是大浪漫唱片的價格與專輯介紹，是整齊的打字列印，放在透明壓克力展示架；apotheke fragrance 的香氛噴霧，是以手寫的方式，列出裡頭的香氣；和 CASA ZYUUTSUBO 合作的生活選品雖然也是手寫字，但使用的是手撕不規則的紙張。

法則 040 運用品牌策展，保有新鮮感

一般為了讓顧客保持有新鮮感，陳列更動的頻率都很高，但是除了陳列外，Paripari 不定期都會策展快閃品牌，活絡店鋪的豐富性。

拍攝當天為品牌「海豚鳥 birphin」的快閃，以天然苧麻製作的服飾，讓原本只有販售 T 恤的 Paripari，服裝的種類更加多元。

法則 041 讓庫存成為陳列一部分

除了另外規劃庫存區，陳列櫃最下方的零碎空間，或是不適合用來展示商品的抽屜，也能夠作為貨品存放的區域。部分小型商品的庫存，則是能作為陳列的一部分，透過大量且同色系的商品並排，吸引顧客的眼光，也方便工作人員補貨及庫存清點。

法則 042 讓商品成為紀念品，增添加購區話題

Paripari 以觀光客為主要客群，因此在櫃檯加購區，並非以低價吸引，而是與藝術家合作，推出獨家商品，讓顧客有「旅行紀念品」的感覺，進而購買。像是與插畫家子仙所合作的濾掛咖啡，以及和漫畫家貞尼鹹粥合作的貼紙組合等。

法則 043 玻璃櫃成為與顧客交流的媒介

櫃檯安排在入口進門之處，可為前往二樓咖啡館的顧客引領動線。櫃檯的玻璃櫃裡放置多款小徽章，以及造型特殊的 CD 隨身聽、錄音機。

由於物件較小，且價格不一，若放在能直接觸碰的陳列架上，擔心客人看完後放錯標價區。另外，錄音機和隨身聽都是需要操作介紹的商品，放在櫃檯的玻璃櫃裡，就能直接由店員與有興趣的顧客介紹，增加與客人的互動。

分區主題企劃賦予空間
多樣陳列風格

— living project

2013 年，誠品生活松菸店中的「living project」正式開始營運，從美好生活為起點，以居家生活為主軸，嚴選國外具有深厚歷史的經典品牌。

living project 是誠品首家自營生活選物店，尤其重視商品呈現出來的文化特色，其中 70% 商品產地與原設計地相同，陳列訴求生活感的佈置手法，創造整體空間的悠然自在。

以款待空間、人與生活為中心思想，巧妙地讓走道姿意寬闊，以提供更怡然放鬆的走逛享受。

誠品生活松菸店— living project

地址：台北市信義區菸廠路 88 號 2 樓
電話：02-6636-5888#3000
網址：https://www.facebook.com/livingproject67
營業時間：週一至週日 11:00-22:00
店鋪坪數：87 坪
販售品項：6600 項

A. | 此區塊之前是主體策展區，不過主題策展區被移到正門口，目前此塊區域採取店中店的規劃，提供品牌的入駐。

風格與陳列的布局
Style and Display Arrangement

呼應家庭生活的賣場定位

商場空間以「家」為發想源頭，呼應家庭生活中的各個場域，將賣場空間分為 living room、green life、dining table、style lab、baby garden、relaxing time、gift dreser 與 design stationery。靠近櫥窗的牆面，就像是對外的花園陽台，而從大門口走進的便是玄關衣帽間，繼續向內迎接廚房、客廳，再深入則有嬰兒房、書房、浴室等。等於是在設想賣場各個區塊位置的同時，就確立了該區域所販賣的商品類型。

而在構思空間時，<u>最優先考量的就是收銀台的位置</u>。在設定收銀台位置時，必須盡可能地節省坪數，<u>且要能夠環顧四周，方便服務顧客</u>。考量賣場的空間限制後，將收銀台設定在靠近正門與側門的中間位置，搭配正門與側門的方位入口，是精算後最符合經濟效益的區塊。思索商業空間設計時，「living project」的設計師建議，雖是以「家」的概念出發，但須避免把商場打造的太像「家」，可藉由店中店的設計、商品的陳列姿態，展現出商場的個性，區隔出與「家」之間的差異點。另外，<u>商品依功能性區分品項，並將同質性的商品統整在一起擺放</u>，則可吸引喜愛該風格的顧客，上前參觀挑選。

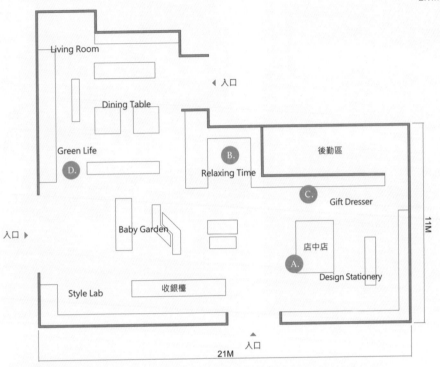

B. | 此區塊之前是主體策展區，不過主題策展區被移到正門口，目前此塊區域採取店中店的規劃，提供品牌的入駐。

C. | 此為禮品包裝區。若是購買禮物，也可以請店家協助商品包裝。

D. | 靠近櫥窗的櫃架則放置了大量居家掃除的雜貨 以及植栽相關商品。由於品項繁多，通常會先分出小區塊，再依各區塊的品項變化陳列。

有圖紋的食器可盡量使用立架，使其像是擺飾般呈現出花紋。

桌面上再加入小板凳，帶出不同層次的高度變化。

安全第一的動線規劃

在走道寬度的考量上，店內的規範是走道不可短於 100 公分，至少是兩個人可背對背行走的距離，此距離可讓推娃娃車或輪椅的客人都能自由移動。若偶爾發生因坪效考量，增加商品陳列量而讓走道距離低於限定標準時，也會額外加強商品安全防護，以降低損壞率。

陳列的目的在於展現商品特色，並吸引顧客注目，然而賣場空間有時會湧入大量人潮，因此商品陳列中最重要的元素，應該是「商品安全」。不論是顧客或店舖，都不希望商品發生損壞。

因此在陳列時，一定要確認商品的陳列是否穩固，也可在商品底部黏貼小黏土 (俗稱的小綠綠)、易碎的商品就直接放入櫃內，或是加註警語公告、擺放的位置也不宜太靠近桌面或層架的邊緣。要是顧客的包包或肢體不小心碰撞到了商品，除了導致損失，也可能會引起顧客情緒不悅。

因此在思考陳列設計時，也要切記基礎是保護商品，否則再精采的陳列都無法讓商品加分。

視覺行銷的陳列心法
Visual Merchandising Ideas

品牌發展資深副理／李欣怡

商品陳列容易犯的錯

* 沒留意商品安全性，易讓顧客因碰撞損壞商品。
* 價格標示不清楚，顧客必須常常詢問。
* 美感掌控能力不足，陳列效果過於單調。

給新手的陳列建議

* 一切從模仿開始，紮穩基本功約需半年，學習無捷徑。
* 可從小區塊開始練習陳列，多嘗試多訓練手感。
* 平時多涉獵相關書籍並累積經驗，喜歡的風格可拍照存檔作為靈感。

與視平線平行的第二層櫃架，可陳列
主推或外型搶眼的商品。

法則 044 主打商品的前方加入情境前導

採訪當天的主題是「法式輕時尚―日常優雅」。因此在大門口擺放了一張低矮小桌，上 面擺放了法國生活風格的書本、音樂撥放器與花束，目的都在於營造出書房一隅的片景。雖然未必能夠直接刺激消費者購書，讓顧客在踏入空間時的第一眼，很自然地接收到了法國生 活的氣質。

法則 045 前低後高的堆疊節奏

左側的 L 型展示桌，擺放了企劃主打的法國手工香皂。採取並列對齊的方式陳列，依照包裝的色彩，一排一排整理放置。最前方先提供商品標籤，接著同時擺出有包裝與無包裝的商品，讓顧客清楚知曉內容物。並把香皂堆放在後方透明杯皿中拉升背景高度。透過簡單的堆疊法做出高度與顏色上的層次感。想表現滿盛與立體效果時，透明容器是很易於搭配的道具之一，也特別適合表現色彩繽紛的商品。

黃金陳列區的技巧
Hot Zone Display

法則 046 針對主打商品加入簡介說明

如能提供商品簡介，主打商品便能更快速地被顧客認識，但也
因為提供了簡介，很有可能顧客因此不再需要導覽介紹，因此
減少與顧客對話的空間。

以裝置設計吸引關注

living project 雖然有三個出入口，不過正門入口處通常是最能快速吸引顧客的區域。
過去此區塊曾主打高單價的家具商品，不過營運一段時間後，發現家具的價格高，是需
要經過理性思考後才會下手購買的商品，因此轉而把家具商品移放到店鋪的邊側，以情
境營造的方式呈現。

此區則改為主題式陳列，以企劃的角度包裝商品，其中 60% 的品項匯集店內已有的品
牌商品，不夠豐富則額外補足，定期變化新的主題，讓顧客每次光臨，都能產生新鮮感。

法則 047 動靜對比的情境設計

矮桌後面的櫃架上，則擺放了法國香氛，加入多個高低垂掛的空畫框當作背景，並將商品放置在左右兩側的玻璃箱與
玻璃罩中，不論是上方、左邊或右邊，都有引人注意的元素，也讓此處的陳列富有濃厚的裝置氣質。下方的櫃子也是
販售的商品，商品則擺放在櫃面上方。櫃面上的陳列可分為三段，中間那段陳列又加入斜放的角度、高低與前後對比。
即便商品與櫃子同樣都屬於暗色系，配合其他材質的道具後，陳列的表現並不會讓人感覺灰暗深沉，其中的層次變化
非常精采。

陳列重點聚焦
Display Key Points

法則 048 運用白紙突顯商品彩度

每一種文具的特質都不相同,陳列時也要從商品特點進行切入。例如此品牌的鋼筆特色是
繽紛多色,因此可同時展開多色系供顧客挑選。陳列時加入白紙墊底更能有效突顯彩度。
另外,由於筆類商品顧客會著重其呈現筆觸,若不便顧客試用,也可在紙上呈現試寫成果,
便於顧客參考。

法則 049 利用桌布區隔前後陳列樣式

顧客接受陳列的範圍多以一公尺左右為上限,若想表達的重點超過此
範圍,很容易產生視覺疲乏。因此食器用品區的桌面陳列,便利用桌
布將長桌斜分為二,以引導顧客移動腳步,改變觀看的視線。

法則 050 桌面加入階梯式陳列

桌布下方加入小積木作為墊底,表現出階梯般
的高低差。顧客在觀看時會從高點看到低點,
感受到陳列的豐富性。而考量到顧客多為右撇
子,特將鍋具的把手調向右側,更利於試用拿
取。若想增加顧客的使用想像,運用假食物道
具也是好方法,像是餐盤擺放假麵包、密封罐
裝入餅乾等,都是讓食器更有溫度的小技巧。

法則 051 上中下三層層架的陳列建議

根據銷售經驗,櫃架陳列的最佳區域為中段區
塊,依序是下方區,表現最差的則是最上方的
區域,甚至可列為銷售無效區。但礙於坪數利
用上的限制,若非得利用上方的區塊時,可以
擺放較大面積、或顏色較重的商品,利用商品
先天的設計穩固其存在感。若是體積較小、細
節較多的商品,建議可以放置在櫃架中段區,
方便顧客近距離觀看。

法則 052 讓飾品增加人文氣質

由於飾品的造型與尺寸都比較細微,為了表現
精緻感,通常會把飾品放在小玻璃盒箱中,把
飾品的氣質收納在一個有限的空間中。而項
鍊、手鍊類等飾品,也可搭配道具模擬戴上的
效果。陳列時,如讓飾品與樹枝搭配,則可在
陳列中加入紋理與質感的對比,讓氛圍顯得溫
潤自然,也更具有人文氣質。

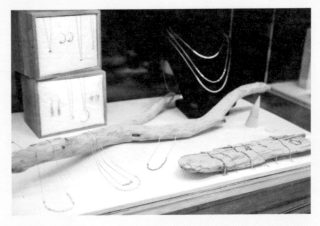

風格小店陳列術

風格先決的非典型書店陳列

— 好樣本事 VVG Something

2012 年，曾入選「全球最美 20 家書店」的「好樣本事」不僅是「好樣 VVG」的連鎖生活概念店之一，更可說是台北獨立書店中，一個讓人難忘的原型。

小小 13 坪的空間裡，放滿了中西書籍、文具用品、世界各國老件以及生活雜貨等。

每一個物件，都是好樣希望與顧客分享的美好趣味。匯聚著各地世界觀的物件美學，在此小小書店中，兼融為獨樹一格的生活風格！

好樣本事 VVG Something（已歇業）

地址：台北市大安區忠孝東路四段 181 巷 40 弄 13 號
電話：02-2773-1358
網址：http://vvgvvg.blogspot.com/
營業時間：週一至週日 12:00-21:00
店鋪坪數：13 坪
販售品項：約 2000 千件

風格與陳列的布局
Style and Display Arrangement

跳脫書店既有風格的生活氛圍

「好樣本事」的起點，原本是家專營精品外燴的餐飲公司，回到 2009 年，當時台灣受到金融風暴的影響，國內藝文的空間呈現出一股低迷的氣氛。由於創辦人 Grace 本人對於書店與藝文原本就很熱愛，她開始思考有沒有可能在台北開立一家獨立書店。以她個人的角度向大家推介她喜歡的書本、物件甚至是生活風格，因此開立了這家撫慰人心的空間。

好樣本事的選址與風格定位非常低調，除了刻意開立在偏靜的巷弄，店門口更用綠色草本植物半遮半掩，鋪陳出低調隱密的獷味。雖然位置很低調，不過店內卻也常見國外慕名而來的顧客到此一探究竟。

店鋪空間雖小，但透過燈光和各式帶有古典歐洲風味的老件，打造出帶有超現實情境的書店氛圍。雖然店內以圖書為主要商品，不過店鋪的風格，卻不同於其他書店，反而帶有強烈的居家設計風格，疊放式的圖書陳列，也讓來店裡翻書的顧客充滿了挖寶的樂趣。

中島分隔左右動線

「好樣本事」的空間充滿了難以複製的獨特氣質。但店鋪畢竟需要商業行為，回到只有 13 坪大的空間，當想像中的氛圍定調之後，需要面對的就是空間的規劃與佈局。

店鋪的主要商品為國外精裝圖文書，店鋪中的大型中島桌，分隔了店鋪的左右通道。精裝書以平放堆疊的方式分門別類地陳列於中島桌上。左右兩側的木製書櫃，則擺放英、日、中文等散文書籍。在有限空間中，分隔左右兩邊通道，讓顧客盡量分行，以免動線壅塞。

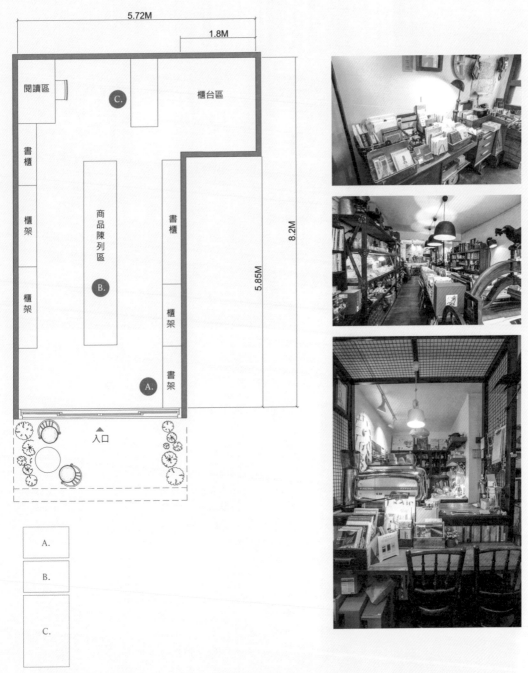

A. | 店頭的右方主要以單價較低，好入手的文具為主。也因此大部分顧客會從大門右手邊進入店內開始走逛。

B. | 中島大長桌陳列了攝影、設計、食譜或其他藝術相關書籍，以精裝書為主。

C. | 櫃台設在店舖最後面，主要是考量能引導顧客走完全店再結帳，順便可加購小物。櫃台前的咖啡座可讓客戶坐下來品嘗咖啡或靜靜看書，享受寧靜的書香時光。

從圖書、雜貨到家具，跳脫商品關連性的陳列卻也讓店內呈現出一般後現代的美感。

家具的使用大大地決定了店鋪呈現的氣質，運用日常生活的家具陳列商品，也表現出 Grace 訴求的生活美學。

以書本為中心的環狀繞行動線

由於店鋪屬於狹長的空間，店內最主要的位置保留給圖書，兩側分出的左右兩側通道，便是希望顧客可以視情況調整左右前進的動線。而一般來說，因為店頭右方陳列小型的文具區，顧客的目光多半會先從右邊被吸引，然後沿著中島，瀏覽完中央的圖書以以及右側櫃架上的商品，最後繞行一圈。

雖然店鋪的空間有限，不過店裡大約三、四天就會更新一次商品的陳列擺設，好讓客戶覺得店裡時時都有新面貌；而當某些商品較難賣出時，店員則會將這些商品跟其他商品互調位置，好讓顧客發現這些商品。由於店裡空間較小，走道只能留約一個人能走的寬度，因此店員會儘量避免把易碎商品放在突出來的平台上；而若客戶反映商品勾到包包，也會隨時調整位置。

視覺行銷的陳列心法
Visual Merchandising Ideas

商品陳列容易犯的錯

* 商品陳列得太雜亂、太擁擠。
* 一下加入太多不同風格混搭，造成視覺上的零亂。
* 書籍全部立放出來，一目瞭然，反而讓客戶少了想要動手的感覺。

給新手的陳列建議

* 陳列前風格要先想好，在心中有個概念再開始陳列。
* 陳列時還是要留白，不要急著把商品擺滿。
* 將書疊放比較節省空間，亦可讓客人有尋寶的感覺。
* 銷售較差時，可調換商品位置，讓客戶能更容易看見商品。
* 想把整個氛圍改善的話，改變牆面的色彩是最快、最省的好分式，例如垂掛布匹或 海報，
  甚至是粉刷油漆，都是能直接改變整體氛圍。

堆滿大開本精裝外文書的中島，從電門一路延伸。
左右兩側分別以書櫃和鐵架，區分圖書與五金與生
活小物。好樣的陳列極富個人風格，更是國內最先
將書店陳列結合古道具、生活物件的經典範例。

法則 053 節省空間的書本疊放
中島桌為本店的黃金陳列區之一，
書籍主要採取疊放的陳列。

大量堆疊的精裝書，製造了巨大的
視覺量感。來到此處的顧客很難不
會動手翻閱圖書。

這裡的書也不會封起來，而是鼓勵
顧客打開閱讀，從書本的材質和裝
幀感受閱讀的美好。

法則 054 選書展示引發讀者好奇
正對店頭的中島桌，最前方以一台老紡織車當作
展示台，把主推書籍陳列於上方，由於紡織車的
造型獨特復古，因此非常吸睛。

法則 055 運用家具營造情境
中島桌的底下，收納了數張造型特別的古董老椅，這些椅子都
是有在販售的家具。因為搭配書桌，所以加入椅子的販售。椅
子的加入除了能夠吸引老件愛好者來店裡尋寶，更加深了店鋪
中的閱讀氛圍。

法則 056 加入燈光印襯材質特色
店鋪左側的櫃架，並陳列著成立於 1899 年，創業超過百年
歷史的廣田硝子手工玻璃製品，此處也是商品周轉率較高的區
塊。為了突顯商品的特色，層架的兩側，也加入燈光，讓排列
整齊的玻璃杯器，表現出純淨、透亮的細緻光影效果。

黃金陳列區的技巧
Hot Zone Display

獨特商品和獨特陳列的集合

店鋪的黃金陳列區是店中央的中島桌，以及左側的廣田硝子玻璃製品區。中央的中島桌，從前到後，分別陳列攝影、設計與食譜類書籍。這樣的陳列順序也表示店裡攝影類的讀者稍多，因此攝影書被擺放在接近店頭的位置。中島桌又分為左右兩側，中央以書檔區隔，兩側則對放／立放著一些主推選書。

比較特別的是左右兩側一落落疊放的精裝大部頭書籍，之所以會用疊放的方式來陳列書籍，主要是受到國外常見的二手店舖之風格影響。由於店鋪的主要商品多是國外精裝書，這樣的陳列方式一方面可以節省空間，另方面會讓顧客自然想要動手翻找，體會尋寶的樂趣。

陳列重點聚焦
Display Key Points

法則 057 透過設計，傳遞店鋪氣質與個性

大量綠色草本植物半映半掩地排放在門口兩側及石階上，左側還放置了一組休閒桌椅。書店的經營不僅是販售圖書而已，Grace 更希望傳遞的是一種生活態度，每一家店就是像是有自己的個性，只要消費者認同店鋪的個性，就可以找到最適合自己的客群。

法則 058 從主要商品延伸到其他小物

中島桌兩側的書櫃上陳列有英、日、中文散文書（中文書不到十分之一），以立放為主，重點書則平放在 突出的平台上；中間還穿插放置一些杯、壺、果醬等生活雜貨。店內客人多半是外國客人，台灣本地客則以購買文具類和生活雜貨為主。

法則 059 搭配家具變化陳列位置

櫃台區旁有保留一塊座位區，此區塊也陳列了許多給小朋友閱讀的童書。延續童書可愛活潑的氣質，此區的陳列使用了鐵盒與邊桌的抽屜。在有限空間中善用家具，也能帶來表現不同的陳列效果。

法則 060 結合收納與陳列

由於店鋪也有販賣一些老件與工具，但考量店鋪空間有限，有些商品體積小，造型又各不相同，此時便會使用小盤或盒，裝盛或插放性質相近的物件，或保留一個台面大量表現同性質物件的量感。

雖然商品這樣陳列會讓單一物件的辨識度降低，不過會購買這類商品的顧客通常也喜歡挖寶，把收納與陳列結合在一起，也是一種有效率的陳列方式。

＃ 藝術精品｜＃ 食品｜＃ 家飾
＃ 生活用品｜＃ 服飾與配件
＃ 清潔用品｜＃ 廚房用具
＃ 圖書・文具

用陳列與手工質感
突顯溫暖氛圍

── 米力生活雜貨鋪／溫事

擁有設計與插畫背景的米力與 Rick 夫妻，原本只是想把自己對於工藝與雜貨的愛好和網友分享，但因為其獨到的選物眼光而獲得各地迴響，2012 年從網路走向實體店鋪。以職人手作、嚴選台灣與日本的手工品牌。

經過多年的經營，米力生活雜貨鋪可說是生活雜貨愛好者都曾前往朝聖的經典圖騰。充滿溫暖調性與歷史空間的老屋氛圍，收藏著生活中的點滴暖意小事，二樓的獨立空間，並當作展覽空間，延伸手作的美好價值，定期更新的展覽活動，也帶來許多延伸變化的合作可能。

米力生活雜貨鋪／溫事

地址：台北市中山區中山北路一段 33 巷 6 號
電話：02-2521-6917
網址：http://www.millyshop.net/
營業時間：週二至週六 12:00~19:00
店鋪坪數：約 20 坪
販售品項：約 500 項

風格與陳列的布局
Style and Display Arrangement

自然溫暖的空間氛圍

店鋪選品以手作的職人商品為主，由於商品本身就具有強烈的手感。因此空間訴求溫暖、樸素與自然的風格氛圍。由於這個空間原本就是老房子，搭配有年代感的老物件後，很自然地就能堆疊出歷史的氣味。此外，因為店內的空間比較小巧，加入長桌與木櫃後，一進門就自然能夠感覺到品項豐富，但又不會有壓力的生活感。整體空間色系，與家具的選用，都散發出一股低調但又溫潤的質感。

店鋪販售的品項可區分為文具、生活用品、職人手作品、工藝品、飾品與書籍。除了依照功能性做區分，商品屬性也是陳列時分區的考量重點。像是平易近人的民藝品與富含歷史重量的工藝品就會分開陳列，必須考量每個區塊的定位與商品屬性，進而調整陳列的手法與技巧。

也因此，兩人認為在規劃商品佈局時，其實應該要從微觀延伸到整體。所謂的整體，其實是多個單一區塊，組合而成的集合。

因此要先從單個區塊著手規劃，獨立建構每個區塊的特色與豐富性。因為每一個小區塊，都可以做出陳列細節的差異，都需要經過深思考量，各個局部的組合與堆積，才能形塑出最適合商品呈現的整體。

A. | 此桌放置了許多插畫卡片與印章小物，堆砌手作、溫馨的店舖風格。

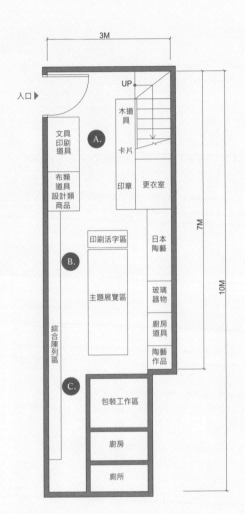

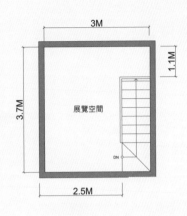

B. | 店鋪中段陳列了大量日本不同品牌與不同風格的陶藝。

C. | 櫃台旁並提供多本米力與 Rick 收藏的工藝圖書，在向顧客介紹並討論陶藝與日本工藝時，常被作為參考資料。

可愛造型小物替店鋪帶來溫暖的氛圍。

活用牆壁和櫃架色彩，陶器便能呈現出不同的氣質。

駐足停留的動線巧思

為讓顧客能盡量照著設定的動線移動，特別將靠近內側的走道空間留得比外側寬，因此，顧客大多會朝內側前進，且為避免走逛過久造成視覺及體力上的疲累，空間中段還設有沙發可供休息，許多佈局和陳列的考量都非主觀喜好，而是根據經驗和觀察而梳理出的結果。

而當顧客走逛觀看時，若想引導顧客觀看單一區塊的陳列，重點是先抓出視覺的焦點，將想強調的重點放置在重點區（一般來說在區塊的視平線中心），後續再加入其他物品與配件，這樣就不易失焦。其他陪襯重點的品項與道具，就可以加入顏色、高度、材質與大小的對比或呼應，讓整體陳列增添小小變化。

視覺行銷的陳列心法
Visual Merchandising Ideas

負責人／ Rick

商品陳列容易犯的錯

* 找到對的商品屬性是重要的，店內曾陳列過一面相當具歷史背景的工藝品，但和店裡整體的調性不大相符，最後只好捨棄陳列，將商品移換到其他適合的店區。
* 曾販售過服飾類，因沒考量到季節問題，最後留下過多囤貨只得取消此品項。

給新手的陳列建議

* 經營一間店至少需熬過三年，過程中不斷犯錯是常態，從錯誤中學習改善，逐漸會摸出一套自己的經營方式。
* 要一直有新鮮感與刺激加入，一成不變會很快被取代。
* 必須確定商店的訴求，是以商家本身喜好、顧客或是商業性為優先考量，以免偏離主軸，定位清楚勿跟風，避免淪為複製品。
* 新手可多參考雜誌學習，累積經驗非常重要。

黃金陳列區的技巧
Hot Zone Display

商品圖紋裝飾桌面

溫事的黃金陳列區是店鋪中央的長桌，此處主打食器類的工藝品。由於長桌的距離較長，考量觀看者視覺接收的有效範圍，無法一眼看盡。因此在長桌上加入襯底、高低變化，以及花藝裝飾等效果，區分出不同區塊。將視覺凝聚在某個焦點上，慢慢走過欣賞觀看時，顧客的視線才有喘息思考的空間。

此外，因為工藝品是時間與歷史累積出的創作，就很適合搭配有年代感的家具。此長桌的表面就有很明顯的使用痕跡，訴求生活、自然的視覺感受。顧客連接到的會是家庭生活的熟悉感，也不會讓顧客感覺到太有壓力。長桌下方的空間為儲物兼藏寶區，有些需較多時間溝通的商品，就會集中放置在底下等待有緣人發現，Rick 的思維是，若有顧客願意花力氣蹲下翻找，或許代表可以進行更專業的交流討論。

法則 061 定義商品陳列的秩序

由於商品強調手感，希望顧客能夠拿起觸碰，因此在陳列時可以加入擺放的秩序，讓顧客拿取與放回後的商品呈現整齊感。由於方便拿取是基本的考量，因此部分商品也可以兩件重疊的方式擺放，顧客想檢閱商品時，直接拿取最上面的那個即可，也不會破壞既有的陳列規則。

法則 062 拉升高度的點綴法

為了在長桌的畫面中拉出一個主角，可以在陳列區域的中央，加入較高的平台陳列。突然拉拔出一個高度，並佐配花藝品，添加生活感。

陳列重點聚焦
Display Key Points

法則 063 高處吊掛填滿空間細節

接近天花板與屋頂的交接處，陳列著大量的籐籃商品及植物。之所以會吊掛在這麼高的地方，除了基於空間利用的考量，是另一個目的則是想柔化色彩交接處的明顯線條，讓空間細節充滿更多手作的質感。

法則 064 加入燈光效果，營造玻璃透亮質地

玻璃杯的商品統一依照商品屬性陳列於玻璃櫃中，讓櫃架呈現出平衡清透的一致性。櫃架中的層板也使用透明玻璃並從底部打燈，讓燈光從底部一路透到頂端，強調其玻璃的剔透感。加入燈光後，由下往上打的燈光，效果較柔和，若是由上往下打燈，效果則較為銳利，可依需要的風格選擇使用。

法則 065 裝飾性小物，象徵店鋪個性

櫥窗的陳列先設定為九宮格的畫面，每一區塊都是一個故事與個性的表徵，將主題點出後，再以小物點綴於窗櫺。因為櫥窗的功能主要是讓外面的人夠看見店內，因此點綴的小物也不宜過大，只加入造型較立體、顏色帶有微微彩色的元素。小巧但風格強烈，可以讓人快速產生童趣、手作的印象。雖然並沒有刻意經營櫥窗行銷，但畢竟是店面，保有店主個性外，還是有商業上的專業思考。

法則 066 模擬顧客走逛需求

為了避免造成走逛的不適並降低商品受損的風險，米力與 Rick 兩人，也調整了走動的寬度，並加入座椅供顧客休息。像是靠近內側的走道空間就會留得比外側寬。以此引導顧客朝內側前進。店鋪中段的沙發也可紓解走逛造成的疲累。坐在沙發休息的同時，還可一邊欣賞優美的手工鉛字。畢竟空間有限，換位思考顧客的感受，才能讓空間的運用與佈局更貼近顧客的需求。

＃ 藝術精品｜＃ 食品｜＃ 家飾
＃ 生活用品｜＃ 服飾與配件
＃ 清潔用品｜＃ 廚房用具
＃ 圖書・文具

延伸層架置物的雜貨陳列術

— Woolloomooloo。Yakka

開立於 2007 年的 Woolloomooloo，店名取自澳洲
雪梨附近的一個區域，由於負責人曾留學澳洲，返
回台灣後便開立了這家澳洲風格強烈的餐廳。2014
年，更在 Woolloomooloo Xin Yi 店隔壁，開立了
Woolloomooloo。Yakka。延伸自家餐廳的食材選品
標準，精選來自歐美與本土的優質食材，並提供新
鮮烘焙麵包、甜點與外國啤酒，將自家定位為天然
美味的歐美風格雜貨店。食品約佔選品的七成，其
餘販售品為食器、生活用品、香氛沐浴及書籍雜誌
等，空間營造成工業簡潔且帶有溫馨感的療癒店鋪。

Woolloomooloo。Yakka

地址：台北市信義區四段 385 號
電話：02-8780-6278
網址：https://www.yakka.tw/
營業時間：週一至週日 09:00~22:00
店鋪坪數：約 18 坪
販售品項：約 600 項

A. │ 店頭雖然低調，但在櫥窗中會陳列主推或造型獨特的生活用品。

豐富多量滿塑雜貨感

除了食品，店裡也有販售許多生活用品。

因店鋪以「雜貨店」為設計概念，負責人 Jimmy 特別在乎商品必須盡量將空間全放滿，不需特意留白，愈滿才愈有雜貨店的隨興與豐富度。也因為空間有限，如何在有限空間中表現陳列的豐富度，家具的使用便很重要。規劃空間時，建築背景出身的 Jimmy 便將右半面直接設計成多隔層架，運用層架在有限空間中放入商品。也因餐廳主打外國啤酒，所以特別訂製整面落地大冰箱，顧客一眼就可看見啤酒的多種類與數量。

同時，為營造工業簡潔的風格，多數使用鐵件將建材外露，能呈現不矯飾的真實風貌。但因本店販售品以食物為主，不適合讓空間感覺太過冷調，因此大量運用木頭材質搭配出溫馨感，讓空間透出溫暖的味道，配合暖色的黃光打亮，更可塑造出易於親近的氛圍。

因此，店鋪的空間規畫簡單明朗，主要是把商品放在左右兩側，觀察店裡的顧客習慣，除了特地上門購買甜點或啤酒的顧客，多數陌生客會先逛逛自家烘焙麵包區旁的小用品，看看新鮮烘焙的食物櫃，再往右手邊的大貨架逛起，通常會以左右交互覽閱的 Z 字形動線往店內移動。

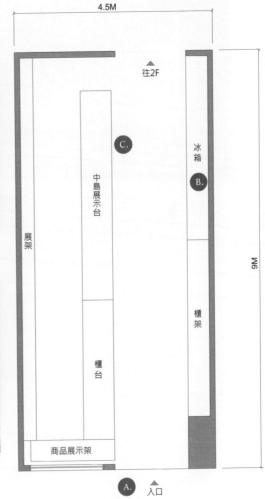

B.

C.

B.｜右側櫃架的末端則擺放了大量的酒類，店內也有販賣許多進口的特殊酒款。

C.｜左側蛋糕櫃的上方，並陳列了多種生活物品。從食物到食器，店內都有販售。

櫥窗可擺放色彩較為強烈的商品，吸引顧客注意。

店鋪動線非常簡單，不過左右兩側卻擺滿對稱商品。

功能性分類，延伸購物提高客單價

店內主要販售的是日常食品與用品，每天都會進貨，因此貨架上的商品狀態也是頻繁地變化。幾乎每兩三天就會依商品數量而改變陳列位置。也因為商品數量多且流動速度快，陳列時的擺放基礎就是「一定要將貨架放滿」，維持乾淨、整齊的視覺效果。

陳列時主要會以功能性進行區分，像是食材、生活日用、雜誌區等，都會盡可能依照類別分開擺放，方便有需求的顧客，輕鬆分辨不同類型的商品屬性。

另外，也會考量顧客購買商品的目的性，加入相關商品陳列，延伸商品的附加需求。像是油品旁邊會放醬料，醬料旁邊再放麵條，從油品到麵條，都是烹煮出義大利麵所需的相關食材，這需要先思考到顧客來店消費的目的，再以此進行延伸。站在店鋪的角度，業主或許無法明確掌握每一個顧客的消費目地，不過嘗試在陳列中捕捉顧客的需要，有時也能促使原本無此需要的顧客，產生相關需求，故也是刺激顧客消費的方式之一。

視覺行銷的陳列心法
Visual Merchandising Ideas

店長／李思慧

商品陳列容易犯的錯

* 沒有留意到購物視線，擋住商品陳列的位置。
* 低矮處放置易碎物，容易讓商品受損，或讓顧客發生危險。

給新手的陳列建議

* 擬定店面的風格，多觀摩相似店家從模仿開始入門。
* 多嘗試多試擺，久了就能摸索出手感。
* 維持乾淨整齊是重點，商品清潔是基礎，不可忽略！

堆滿堆高的陳列，傳遞給顧客商品數量繁多的心理印象。

法則 067 加入支撐，立放呈現易塌商品

此塊區塊是店鋪的黃金陳列區。由於空間有限，無法陳列體積大的商品。因此店家主攻小包裝、可隨手攜帶的食品。但部分類似商品，不易陳列，常常會因為包袋易塌商品容易顯得無精打采。因此在擺放袋裝商品時，可在商品後方利用盒箱圍塑出一個範圍，使其有所倚靠。或是多量堆疊使其立起，就能讓商品更有立體感。

法則 068 盒籃集中陳列，表現滿盛感

其他無法全部陳列在黃金陳列區的包袋類商品，則可使用籃子將其集中擺放，一方面可以表現出豐滿的感覺，亦可降低陳列的雜亂感。顧客在選購時，不易弄亂該區域，對於員工的補貨及整理也較為便利。

法則 069 運用自然色彩吸引過路客族群

在靠近店頭的櫃台下方，則加入各式水果的陳列。水果會以木箱裝盛，木箱中會另以紙箱分裝。把水果放在這個位置是因為水果具有豐富的色彩，可以透過色彩，吸引過路客的注意「這裡怎麼有賣水果？」進而走入店內。在陳列水果時，為了表現出豐富的繽紛感，不宜把相同色系的水果放在一起，讓水果的色彩有所區隔，交錯出多彩的氣質。

黃金陳列區的技巧
Hot Zone Display

針對顧客反應擺放合適商品

店內的黃金陳列區其實是位於櫃台左前方區的一小塊區域。雖然只是一個小小的區塊，但因結帳包裝都需在此等待，相對來說也是顧客停留最久、也最熱銷的區塊。

此區塊由於位於收銀台旁邊，因此非常容易被顧客注意到。也曾試過曾把某些滯銷品改放至此，銷售量都會有所提升。受限於空間，此處通常會陳列新推出的商品、折扣商品，或是可以隨手帶走、小包裝的零食餅乾類，愈能手滑購入的商品就愈適合擺放在此處。

陳列重點聚焦
Display Key Points

法則 070 搭配收納的小包分裝陳列

考量顧客用不完大份量的香料，故將香料以透明夾鏈袋分裝成小包，透明質材易於顧客輕鬆挑選。刻意將香料放置在地上的木箱中是為了營造挖寶翻找的樂趣，木箱內再以紙箱做內裡隔層，使其整齊擺放，也便於區分香味。

法則 071 展示糕點內餡，有助想像口感

店內甜點是人氣招牌，在陳列甜點與蛋糕時，為了讓顧客快速認識商品特性，可以展現出甜點的多層次與內餡。通常會將蛋糕的切面朝外，讓顧客對內餡一目了然，也較容易提升購買物慾。

法則 072 集中擺放色彩感較強的商品，引導視覺

因場地空間限制，櫃台後方的區域多為庫存區。雖然是庫存區，但只要顧客結帳，就一定會看見此牆面，因此位置可說非常鮮明。雖然是擺放庫存商品，但擺放時仍維持乾淨整齊的大原則。此外，陳列時也可以把顏色鮮豔且較美觀的商品放於與視平線等高的區域，引導顧客視線。色彩輕但數量多的玻璃罐，則放置較高處，減輕視覺壓迫感。頂端則擺放輕巧的自家購物袋，同時作為品牌的形象宣傳。

法則 073 櫃架中再加入層板分區

如上所述，雖然是庫存區，但其實也是陳列區，因此也要記得把商品特徵呈現出來。除了利用色彩聚焦之外，可以盡量完整呈現商品包裝或其造型。櫃架之間再分出上下的層板，讓以空間得到最大的使用效益。

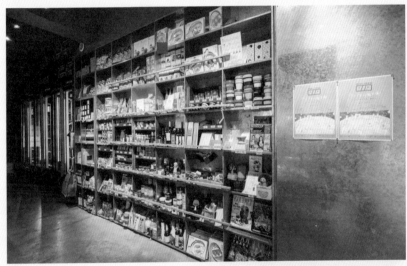

法則 074 數大便是美的填滿陳列

店鋪右側採取整面櫃架塞滿的方式呈現。其中接近店門的右 1 與右 2 櫃，通常會擺放生活用品。由於店鋪位於大馬路旁，好天氣時灑落的陽光會照到進門右手邊的前兩櫃，因此靠近門口右手邊的商品會以不怕被曝曬的日用品為主，以免影響食品的保存狀況與新鮮度。整個牆面的商品佈局比較機動，雖然沒有固定的分區規劃，不過會盡量依照顧客需要，把可連結的食材放置在靠近的地方。不過，更大的前提則是把櫃架塞滿，表現出商品的豐富感，也希望顧客每次來到店裡，都可以發現新意。

藝術精品 | # 食品 | # 家飾
生活用品 | # 服飾與配件
清潔用品 | # 廚房用具
圖書・文具

情境式陳列構築
空間的多元樣貌 — 瑪黑家居

2014 年透過電商起家的瑪黑家居選物，以獨具美感的家居設計商品，吸引了許多注重生活品質的消費者。創辦人洪鈺婷最初在台灣，遍尋不著鍾意的家居用品，好不容易在國外網站看到喜歡的椅子，運費卻比物品售價還高，便有了開設家居選物店的想法。

瑪黑家居選物從電商平台開始，之後陸續在中山、台中展店，2020 年在敦化南路開了第三間門市，主要進口北歐、西歐的家居品牌，像是來自丹麥的 Bloomingville、來自荷蘭的 Zuiver 等，而敦南店相較於其他家門市，陳列更多大型傢俱、家飾，希望顧客能夠前來，親自感受物品的溫度外，透過與銷售顧問的互動，獲得更多靈感。

瑪黑家居 敦南門市

地址：台北市松山區敦化南路 1 段 57-1 號
電話：02-8772-5098
網址：https://www.storemarais.com/
營業時間：週一～週日 11:00 – 20:00
店鋪坪數：75 坪
該店販售品項：約 5000 件

A. │ 結合藤編與石板元素的水槽，讓顧客可以自在地體驗店內所販售的洗沐香氛商品。

風格與陳列的布局
Style and Display Arrangement

充滿瑪黑特色的陳列空間

瑪黑的主要客群定位在 25 至 55 歲的時髦女性，更精確一點來說，就是 BoBo 布波族（bourgeois bohemian）的女性，懂得享受生活，也擁有波希米亞風格的創意與自由。品牌總監 Samson 說，對應 BOBO 族所呈現的人設特質，相對精緻無瑕的商品，其更聚焦在手作感濃厚、注重工匠技藝的特殊單品。因此，對應到空間陳設，會將不同材質或透過近似色系商品大膽搭配，展現如藝術家般率性但同時兼容舒適居住感受。

瑪黑家居的品牌風格概念，源自於巴黎瑪黑區（Le Marais）。敦南門市延續了瑪黑街區的特色，像是孚日廣場裡以對稱拱門相連的紅磚屋瓦，在店裡對應到的是圓弧黑鐵材質，以及對稱拱型窗框構築的外觀；充滿歷史感的石板路，則以灰色水泥地與灰白斜紋拼接地磚做連結；而一進門的洗手台，則象徵了孚日廣場著名的雙層噴泉。

店鋪一進門的兩側，同時也是櫥窗區，陳列著瑪黑最受歡迎的香氛系列商品，以及季節性或當期流行的商品，藉由平易近人的商品，吸引過路客進而走入。隨著狹長型的空間往裡走，一扇又一扇不同材質、色彩的拱門，暗示著每一區的主題、概念皆不同，有色彩粉嫩、充滿自然元素的織品；也有溫暖柔和，搭配手作感的容器；最裡面則是沉穩簡約的現代風格，像是一個個擁有不同個性的小型市集。

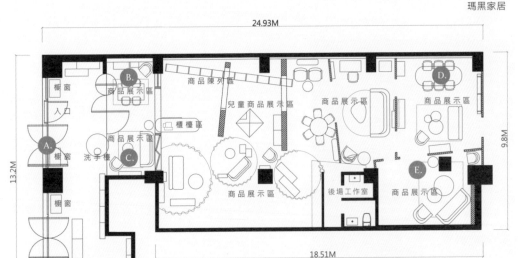

B.C. | 敦南店裡的家飾風格多元，無論顧客偏好什麼色系、居家氛圍都可以在此得到靈感。

D. | 每一個展間，都是針對小坪數家庭的居住模式，運用大概七到八坪左右的大小，陳列餐廳與客廳的搭配。

E. | 挑選商品時，七成會是店內受歡迎的商品，三成則是嘗試的風格，此區就是進貨少量且特別的風格家居。

店裡有三個圓形空間，可作彈性的倉儲或展間運用。

店面三要素：動線、燈光、商品

「陳列時，最先考慮的就是商品密度、燈光營造和動線安排。」Samson 說，店裡的商品密度沒有一個固定的數字，要藉由觀看整個區域的視覺感受，再決定是否繼續填加或留白。燈光部分，較多顧客停留的區域，由鋁製燈條以均光的方式照明，讓顧客可以快速挑選，其他區域則是使用 4000K 的投射燈，作為空間主要光源，白天搭配寬版百葉簾透進來的日光，明亮而不刺眼，夜晚則會變得溫暖和放鬆，增加對生活的想像空間。

動線安排要確保當消費、服務與物流三條路線同時發生時，不會有衝突。因此瑪黑家居設計了兩個入口，一條是物流專用，一條是客人的動線（請參考 P.113 的圖）。當物流進入之後，可以直接前往後場的倉儲區，不會干擾到顧客和服務人員的走逛。

在一扇扇拱門的主動線旁，都有為不同情境所設計的小空間，可以讓顧客停下來感受和挑選。其中特別的是，店裡有三個圓形空間，當拉起實心簾時，能作為後場倉儲，當辦活動時，則是可以拉開來作為展間，運用十分彈性。

走進店裡，可以跟著一扇扇拱門來到不同個性的展區。

視覺行銷的陳列心法
Visual Merchandising Ideas

品牌總監／余汶杰 Samson

商品陳列容易犯的錯

＊消費、服務跟物流動線沒有區隔開來，當同時發生時，就容易造成衝突。

＊燈光過度集中在走道或產品上，容易讓人覺得刺眼，也難以營造商品情境。

＊沒有預留足夠的後場空間，就難以擺放庫存商品，或是在換陳列時沒有周轉空間。

＊展間的溝通物過多，像是明信片、酷卡等，反而會干擾商品的情境無法呈現。

給新手的陳列建議

＊要陳列某一個品牌的商品時，可以先去看其官網、社群媒體的內容，能幫助自己呈現
品牌的一致性。

＊多觀摩不同店家，觀察其陳列方式、溝通物、展示品、燈光等，逐漸找出自己喜歡的
陳列方式。

黃金陳列區的技巧
Hot Zone Display

以銷售數量來看，最靠近門口的落地窗區，是店裡的黃金陳列區，以蠟燭、肌膚洗沐等香氛商品為主，由於也面向櫥窗，因此使用大量重複、面朝客人的陳列法則，特別挑選來自世界各地、價格從高到低皆俱全的商品，吸引顧客挑選和購買。加上均光照明的方式，吸引路過民眾的目光，進而入店走逛。

但即便是黃金陳列區，也曾經因為商品策略的失準，銷售狀況不如預期，因此除了陳列之外，商品種類的挑選也是關鍵。

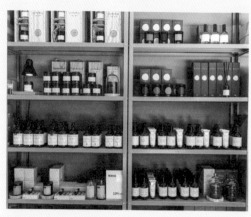

法則 075 大量重複的陳列方式

大量重複性的陳列手法，容易有在出清、活動的感覺，因此放置在靠近櫥窗的區域，並且將商品面朝客人，讓過路客被陳列的豐富度吸引。

法則 076 運用均光明亮清楚的特質

相較於其他區域運用暖色，或情境式燈具，營造出放鬆、舒緩的氛圍，提供客人想像傢俱放在家裡的舒適感。在黃金陳列區，則是使用鋁製燈條，清晰的均光，讓客直接看見商品上所標註的內容，進而決定是否購買。

法則 077 櫥窗陳列話題商品，吸引顧客駐留

跟著電商平台所販售的季節性產品，或是當季的矚目商品，都會放在黃金陳列區，像是因 WFH 工作型態的普及，越來越多人重視居家生活，瑪黑家居推出居家清潔產品，以及充滿 outdoor 風格的復古泳圈、野餐墊等。

法則 078 陳列相近商品，讓顧客一同購買

陳列在同一個櫃架上的商品，風格、屬性會比較相近，能方便顧客選擇和搭配，購買時一起帶走。

陳列重點聚焦
Display Key Points

法則 079 運用多層次陳列

店裡將立體與平面的商品結合陳列，以多層次的陳列手法，透過不同高度的物件，擺放成前後交錯的層次感。像是層次 ① 為大型的線條畫作，層次 ② 為小型畫作，層次 ③ 為立體的器皿。除了陳列方式外，物件種類與顏色也需要搭配，提供客人整體的布置靈感，讓原本只需要單一物件的顧客，可以一併購買。

法則 080 顧客的舒適度，取決於走道寬度

由於瑪黑敦南門市大多販賣居家用品，空間寬度以台北最常見的居住空間七到八坪規劃。

以一般賣場來說，最舒適的走道寬度為為一米五至兩米左右，不過在這些區域，至少保留一至兩人能從容走過的寬度，例如沙發跟餐桌之間，大約是 80 至 120 公分。

法則 081 運用不同材質,打造視覺平衡
同一陳列櫃上,運用不同材質的元素搭配,讓整體視覺有韻律感。像是在層架上,一層擺放鐵件、一層擺放竹編,最下方則是左右兩種材質錯開擺放,產生視覺均勻與平衡感。陳列層架同時也是商品,不但方便收納與展示,也能讓顧客了解承重量。

法則 082 四象限的陳列秘訣
位在主幹線的大型橘色層架,跳脫周圍的色彩,帶給人視覺上的衝擊。放置在層架上的商品,以不同種類的商品區分,像是布織品區、陶器區、餐盤區等,並以四象限的方式陳列。當顧客拿起其中一項商品,無論是同一排,還是同一列的商品,都可以搭配購買。

法則 083 圓筒狀商品,適用塔式推放
入口處的彩色拼圖,是當疫情開始嚴重、人們在家時間變多後,在網站平台上熱賣的商品,於是放在實體店鋪的黃金陳列區。除了顏色豐富、多彩,也運用商品的主題性,例如:花卉系列、動物圖鑑、美國文化等,塔式堆放的陳列方式,讓視覺更為聚焦。

法則 084 商品被拿走後,不破壞整體感的陳列術
有些店家所陳列的商品,僅能作為展示,若顧客要購買,店員還需要從庫存區拿存貨,但由於瑪黑敦南門市的陳列方式較為豐富,像是桌上的杯盤使用好幾個三角形結構,也使用相似色互相搭配,就算顧客拿走了其中一樣商品,也不會打亂整體感。

藝術精品 | # 食品 | # 家飾
生活用品 | # 服飾與配件
清潔用品 | # 廚房用具
圖書、文具

古佁選品SHIKINAH
歐美日家居選物 | 老物市集

耶和華是我的牧者，我必不至缺乏
詩篇 23:1

沉浸於復古氛圍中的色彩融合

― 古佀選品

於 2016 年創立的古佀選品，是間充滿復古氛圍的複合式概念選品店。主理人 Vivien 的先生從小因為喜愛各式各樣的玩具，開始踏上了收集與販售古物的路途。古佀的商品大致分為兩大類——以復古元素再製的商品，以及保存良好的復古選物，專門挑選六〇至九〇年代的流行，像是普普風、工業風、Disco 等，其中以日本與歐美的選物為最大宗，期待重現美好年代的生活樣貌。

在古佀選品裡，店家不會主動介紹，人們可以放慢腳步，享受獨自尋寶的樂趣。

古佀選品

地址：台北市大安區和平東路三段 352 號
電話：02-2367-7215
網址：http://www.apothecary1969.com
營業時間：週一～週五 12:30－19:30、週六 12:30－18:30
店鋪坪數：25 坪
販售品項：上千件，已多到不可考

風
格
與
陳
列
的
布
局

Style and Display Arrangement

除了色彩、材質相近的商品會放在一起之外，古俬也會以風格或是品項作為分類的方式。

以色彩與材質為商品做陳列分類

由於古俬的選品來自不同國家與各個時期，每件大小、風格都不一樣，而且常常只有單一物件，對於每件商品該如何歸類陳列，都需要花更多時間思考。對色彩搭配十分講究的 Vivien，會先以物品的顏色、材質搭配，例如，將同色系的商品放置在同一區，或是將色彩繽紛的老玩具都陳列於老鐵櫃裡，以降低整體彩度，一眼望去的視覺會較整齊。除了色彩搭配之外，也會透過不同種類的乾燥花材裝飾，以吸引人們的眼光。

古俬的陳列大概每半年更動一次，尤其是櫥窗的區域，能藉由不同風格的轉換，吸引到不同類型的消費者進門，有時是普普風、有時則是美式鄉村風，「更動陳列的時間也不那麼固定，主要還是看心情，看膩了就會換一下。」Viven 笑說。也因為古物不像零售商品有庫存，如果遇到擺放在店裡的大型傢俱或陳列品售出，所有的商品也都需要一起跟著更動，才能維持空間的完整性。

A. | 店裡並沒有正式的櫥窗區，但客人能透過落地窗看進室內，因此最靠近門口的陳列裝飾亦能當作櫥窗。

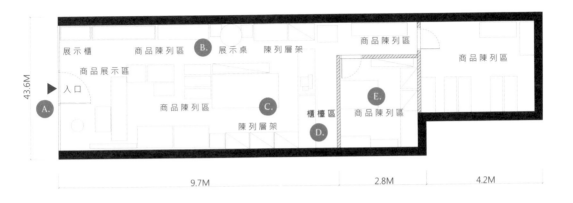

B.	C.
D.	E.

B. | 狹長型的店鋪空間，容易感到擁擠，因此將大型家具都靠牆擺放。

C.D. | 靠近櫃台的收音機區，是許多藏家會在此佇足挑選的地方，如想試用或是有問題，可以就近得到解答。

E. | 店鋪後方的小隔間，擁有秘密基地的親切感，陳列著不同時期、風格的老物件，讓人不自覺仔細探索、挖掘。

狹長型的店鋪空間，就以「倒 7」動線延長走逛時間

當初在規劃動線時，考量店裡的空間較為狹長，若家具以橫向擺放，空間無法被善用，因此 Vivien 選擇在店面的左右兩側，以及中間的位置擺放陳列家具，並留下兩個走道讓客人走逛，不過後來發現客人大多只在進門的區域逛，不好意思裡面走動，於是 Vivien 便將其中一側的通道用櫃子擋住，形成像是左右相反數字「7」的動線設計，並運用牆面上所掛的一幅幅畫，引導客人跟著視線往店裡面走。

目前店裡最前方的區域是以新商品，或是價錢較親民的小物件為主，像是耳機、秘魯聖木、琺瑯杯等，整齊且規律的陳列規則，引起顧客一走進店裡的注目。走道兩側就像挖寶區，商品不一定有關聯，但是色系相近，且由上而下皆放滿了物品，讓人能夠自由尋寶。最靠近櫃檯一側，是老式收音機的主題區，無論客人想試聽或是向店員詢問商品，都十分方便。

再往店裡走，櫃檯後方還有一個小隔間，裡面的天花板較外頭低，擁有傳統老房的氛圍（請參考 P.125 平面圖 E），因此 Viven 將此打造成一間舒服的小客廳，陳列的商品皆是老物件，像是傳統的分離式喇叭音響、普普風的小型家電、經典老玩具等，人們可以慢慢地欣賞、挑選，或是仔細聆聽不同音響的聲音細節。

喜愛老物的客人，通常也自己喜歡挖掘探索，因此不用擔心商品會不夠顯眼，由上而下都可以任意擺放。

由於店裡空間為狹長型，因此規劃以「倒 7」的動線進行，延長顧客的走逛時間。

視覺行銷的陳列心法
Visual Merchandising Ideas

主理人／Vivien

商品陳列容易犯的錯

* 作為陳列重點的季節性裝飾，在過季之後仍擺放在店內，例如夏天放著聖誕節裝飾等。
* 商品和道具的陳列毫無關聯，或是質感不相稱，就會很難營造出情境。
* 店內擺放太多的溝通物，像是標語、商品介紹等，會讓整體空間看起來雜亂。

給新手的陳列建議

* 古董、古物類的商品一定要保持乾淨，不可以累積塵土，有年代感不代表髒。
* 建議時常更換櫥窗的陳列，無論是更換物品或擺飾都可以，要讓顧客保有新鮮感。
* 現在網路的資訊十分流通，可以多從 Instagram 或臉書上，觀察相同屬性的店家如何陳列。
* 理解自家商品的歷史、文化脈絡，以及物件的設計風格與年代連結，會有助於梳理商品的分類。

法則 085 陳列固定，色彩嚴謹

進門後左側的多寶閣櫃，每一格皆擺放了不同的商品，吸引客人拿起來觸摸、端詳。在陳列時多寶
閣櫃較為固定，但是要特別留意色調上的和諧，才不會讓顧客花撩亂，像是櫃子中央較密集的地方，
色彩較為單一、簡潔，而較繽紛的商品則擺放在外側的區域。

黃金陳列區的技巧

Hot Zone Display

相較於一般商店，古物店比較難定義黃金陳列區，但如果以較能吸引消
費者目光的區域來說，就是進門的左側，以多寶閣櫃展示的區域。多寶
閣櫃運用一格格的特性，容易讓陳列看起來整齊，但也要注意色彩搭配
的運用，盡量將同色系放在一起，免得會看起來眼花撩亂。

而古俬選品大多擺放較多顧客詢問和試用的商品，像是香氛、秘魯聖木
等，也會在此放置其它小物件，或是一般較少見的生活用具，像是壓蒜
器、小鐵壺等，誘發客人的好奇，一一拿起來端看、猜測，若顧客真的
猜不出是什麼物品，就會詢問店員，這也能順道開啟與客人對話的契機。

法則 086 中間區域密集陳列吸引顧客

位於多寶閣櫃中央的商品體積較小,因此陳列以「量多」以吸引顧客,
除此之外這些商品也都單價較低,或是店內銷售較好的商品。

法則 087 牆面顏色也是陳列的一部分

除了商品之間的色彩需要互相搭配外,Vivien 也會把牆面的顏色
考慮納為陳列的條件之中。像是這一區的牆面較白,而多寶閣為
沉穩的木頭色,因此在旁擺放了能讓兩者色系緩和的乾燥花與小
道具,運用不同風格的裝飾品活化整體的氛圍。

法則 088 容易忽略的區域,以體積和色彩取勝

在最上層與最低層往往都是顧客視線較慢才會注意的地
方,以體積較大的單一物件陳列,選擇功能比較特別、
顏色比較鮮艷的商品,讓顧客的眼光能慢慢探索到此。

陳列重點聚焦
Display Key Points

法則 089 運用相近色彩，創造和諧性
店裡可以看到大量運用相近色彩、異材質搭配的方式，讓每一區都擁有自己的個性。像是銀灰色鐵件搭配藍色的老木櫃、椅子，或是紅色、黑色的收音機一同放在深色木桌，雖然物品屬性不盡相同，卻又看起來十分和諧。

法則 090 打造讓顧客尋寶的陳列術
喜歡逛古物店的客人，大多習慣在繁多的物品中挖寶，因此一般店裡不建議陳列的櫃子下方，在古物店中，卻能將有重量的物品放置在下方，或是將小型物件放在櫃子上也不要緊，反而能促使顧客想一探究竟的心態。而店裡的櫃子也幾乎都是半開式，就是讓營造讓客人自由開啟、尋寶的感覺。

法則 091 保留營造情境的區域
當店內的空間不大時，仍可以在一個區域中，留有營造情境的區域。在古佻選品的木圓桌上，以三角構圖的陳列方式，擺放風格相近的餐盤，吸引顧客的目光。而一旁的印度古門，原本乏人問津，但是在改變陳列方式、擺上乾燥花之後，就大大增加了客人的詢問。

法則 092 讓高度較低的區域擺滿多樣小物

高度較低的三層架，藉由乾燥花裝飾，和運用鐵製點心架層次擺放，吸引人們的視線往下移動。當顧客低頭俯視時，能夠先從相近材質，且有關聯性的商品，逐步留意到下方零碎、不成套，但色系相近的小物件，進而蹲下來細細端詳。

法則 093 大區塊運用重複、對稱的規律陳列

運用古董郵差分信桌的特性，陳列同一種類的商品，大量重複且對稱的擺放，有穩定均衡的規律感，但當顧客走近仔細一看，又會發現每一格的商品都不一樣，當顧客拿取觀看時，也不會影響到其他物件的陳列。

法則 094 促使顧客拿起的標價法

店裡除了有主題性的展示區，如收音機區、康寶系列區之外，鮮少有明顯的立牌、價目表等文宣溝通物，因為古物店販售的項目繁多，若一一放置立牌反而會顯得雜亂。因此，會在商品不顯眼的位置貼上價格，而不適合黏貼的商品，會另外放上價格吊牌。雖然無法讓顧客一眼看到，但當觸摸物品時，就能找到商品的價格。

\# 藝術精品 | \# 食品 | \# 家飾
\# 生活用品 | \# 服飾與配件
\# 清潔用品 | \# 廚房用具
\# 圖書 · 文具

趣味挖寶，交融色彩玩味的陳列

— A ROOM MODEL

隱身於台北東區商店街，外觀看似一般的公寓，當一路向上到三樓時，打開 A ROOM MODEL 的店門後則給人別有洞天的感受。搜羅大量 70、80 年代的特色古著、古董珠寶飾品與皮件，同時引進風格相符的態度新品。

2012 年 A ROOM MODEL 從老闆的個人收藏轉為私房型的店舖，經歷二度搬家與轉型，成為大眾提及古著時，必定會浮現於腦海的品牌之一。持續為充滿歲月真實感，並散發著迷人氣息的古著與老件帶來再次嶄露頭角的舞台，延續古著的生命故事。

A ROOM MODEL

地址：台北市大安區敦化南路一段 161 巷 6 號 3 樓
電話：02-2751-6006
網址：https://www.aroommodel.com/
營業時間：週一到週日 15:00-22:00
店鋪坪數：賣場約 20 坪（不含倉儲）
販售品項：一桿約 50-80 件

與商品相容的空間風格營造

A ROOM MODEL 的空間為方正的格局，三面環窗，自然光大量的照入，穿插於店內的黃光間，整體呈現飽滿的色調。大量使用不同色系的木頭材質，像是地板、櫃子和層架等，營造明亮柔和的氛圍。老闆定調店舖風格為輕盈溫暖，並體現在店內深處的櫃檯。店長 Su 分享，以往更換陳列時經常連櫃檯的位置也換掉。直到搬到了現址，老闆中意櫃檯的位置，因此特別訂製淺色實木的櫃檯，將櫃檯位置固定下來，也成為店舖中風格定調的核心。

長期著迷於老件的老闆，為店舖陳設挑選許多古董家具，甚至以訂製的方式設計一部分的家具。由於古著店的庫存與商品數量較多，且服飾有季節性的狀況，因此店裡也有易於移動的家具，以因應商品的需求與特性。像是夏季以吊繩與木桿懸掛，到了冬季服飾較重會無法負荷。因此會撤掉木桿，使用下方的木櫃平放展示。

古董和訂製家具就定位後，自然而然地退居二線，讓顧客把注意力放在商品本身，古著商品藉由明暗與繽紛色彩穿插，塑造店內商品的豐富度，替顧客創造一波又一波驚喜的逛街體驗。

A. | 以繽紛與明暗將顏色靈活運用，創造視覺的豐富感。

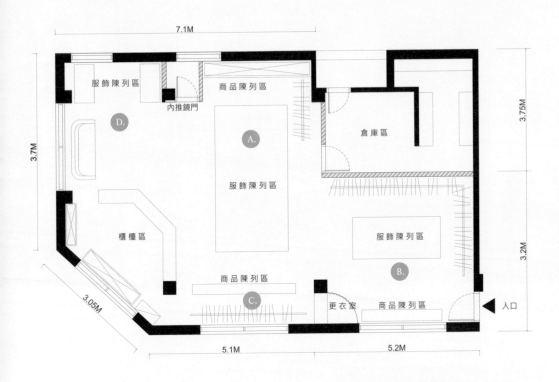

B.｜進門後以新品吸引顧客目光，同時也是店裡的黃金陳列區。

C.｜具特色的陳列家具以高低錯落的擺設方式，為空間拉提流動的線條。

D.｜在店內最深處的區域動線邊緣的陳列，以展示服飾搭配創造視覺焦點。

以挖寶的角度出發，店舖內刻意區隔出較狹窄的走道，帶給顧客探險、挖寶的感受，增添走逛的趣味。

使顧客感受到自在挖寶的動線

喜好鮮明的 A ROOM MODEL 老闆，在動線規劃上注入「挖寶」的驚喜感，除了符合古著的特色，也讓顧客能在空間中隨性走逛，<u>因此刻意區隔出如同小徑的走道，儘管顧客走逛時會較為狹窄，卻也充滿趣味與期待感。</u>Su 說，原本計劃更動整體陳列位置，試圖增添一些家具與裝潢設計，預設目標是想讓消費者「更難逛」，卻因為疫情升溫而暫緩，可見 A ROOM MODEL 的陳列充滿著變化性與玩性。

儘管創意先行，店長 Su 認為動線「順暢」仍非常重要，並非只有引導顧客的走向，「比較不喜歡店員打擾的顧客會優先選擇鑽進小徑裡走逛，目標明確的顧客則會傾向往靠近櫃台的區塊前進。」藉由觀察顧客的個性而有區分，創造走逛路線的選擇，讓顧客感受到身處空間的自在。

商品的陳列上也會是在一整片懸掛的服飾中，運用交錯方式塑造情境的穿搭示範，一方面提示了商品位置，也防止顧客面對過多的商品，產生無從下手翻逛的可能性。

在懸掛的服飾間，擺放穿搭情境，讓顧客不會因為過多商品迷失，也能暗示每一區所陳列的商品種類。

視覺行銷的陳列心法
Visual Merchandising Ideas

A ROOM MODEL 店長 / Su

商品陳列容易犯的錯

* 服飾最忌諱陳列時放成一堆，這樣像是花車的特價商品，會讓商品失去原有的質感。
* 要定位好性質、商品定位和品牌風格，不要呈現不符合消費者預期的陳列。
  如：單價較高的商品，不適合擺出大面積重複、大量的商品，避免傳遞出廉價的商品感受。

給新手的陳列建議

* 一定要多看其他店家的陳列方式，也能善用 Pinterest 網站上豐富的資料來源，網站會持續推
  薦質感的陳列圖片，可以帶來更多靈感。
* 蒐集大量的陳列圖片，也看了很多陳列方式後，一定也要親自嘗試、練習，慢慢地就會拼湊出
  自己喜歡的風格和陳列的狀態。
* 陳列風格還是要依照商品類型決定，對陳列新手而言，最重要是整齊呈現，讓商品一目瞭然，
  使顧客得以看清楚即可。

法則 095 商品緊密，家具留白

進門以新品大量擺放吸引顧客，在商品的陳列較為緊密，所以在家具的陳列上，運用留白的原則，讓空間保留清爽感。

法則 096 大量重複的色彩點綴

熱銷和新的商品會擺在此區，像是季節性的商品，如夏天的涼鞋，或是日本品牌新到貨的配件等。在大量重複的陳列中，會配其它商品的色彩，像是咖啡色調的編織涼鞋中，運用來自加納的草帽，紅、綠、黑鮮豔而撞色，讓整個桌子的配色不會顯得單調。

黃金陳列區的技巧
Hot Zone Display

善用消費心理，快速滿足需求

A ROOM MODEL 的黃金陳列區為入口的新品區，作為同是喜愛逛街購物的消費者，Su 以自身經歷結合消費行為與心理學，讓顧客一進到 A ROOM MODEL，目光就先被大桌上的熱銷商品吸引，這一個區主要展示新品和熱銷商品，陳列亮點從牆面、窗台至中央的木桌，不同層次包圍著消費者，以多樣化的商品種類呈現，讓顧客想一步步進入店舖挖掘古著，引發一探究竟的好奇心。

應用心理戰術之外，陳列的美感仍是重要的根本，在大桌上將不同商品間塑造差異性，也讓平面的桌上充滿變化性。為避免同樣類別的商品差別較小，加上風格相近的配件陳列，也提供顧客建議穿搭的方式。此區還大量運用「留白法則」（請參考 P .134 平面圖 A），讓顧客踏入店中時，塑造清爽的氛圍。此區的陳列心法以豐富的銷售經驗與觀察為基礎，試圖透過「店舖有意識、顧客無意識」的設計，不僅為顧客帶來更多貼心的服務，塑造自然的逛街體驗，也提高了購買意願和買單的成功率，達成雙贏的局勢。

法則 097 善用淺色塑造氣圍
此區將淺色或淡雅色彩的服飾放置中央，據 Su 觀察，當鮮豔的色彩、深色、
淺色放在一起時，淺色往往更能快速抓住顧客的注視。

法則 098 保留空間的陳列，增加顧客停留時間
不將新品填滿衣桿，而是運用吊掛，讓衣服與
衣服間保留空間，使顧客能好好欣賞新品，也
比較好翻找。此陳列方式能提升新品被觸碰、
觀看的機會，也增加顧客停留的時間。

陳列重點聚焦
Display Key Points

法則 099 以陳列道具塑造氣勢

位於櫃檯前，以漂流木製成的飾品皮件桌，為第二個黃金陳列區。古董珠寶與精品二手皮件單價較高，因此在陳列上必須有氣勢，以符合商品的價值，也讓顧客對定價有心理準備。除了讓平面的商品整齊的陳列，運用古董玻璃家具襯托，既能輕巧收納，又能創造層次感。

法則 100 繽紛色彩作提醒

在琳瑯滿目的飾品皮件桌對側，擺放 A ROOM MODEL 特製加長的木衣桿，夏季的衣服一桿可以掛置 30 件左右，為了展示豐富的古著商品，此區精選繽紛長洋裝，藉由吸睛的色彩引導顧客走逛，營造兼具視覺亮點，以及逛街的愉悅，不讓一旁的古董飾品配件專美於前。

法則 101 季節變化改變陳列

服飾店的陳列風格與方式在夏冬兩季會有明顯變化。夏季的服飾在質料、色彩和視覺上比較輕盈,因此以懸吊於半空中的形式呈現,也創造豐富的空間變化。

但是冬季的服飾大多為毛呢料,顏色較深且重量較重,懸掛起來會過於擁擠,衣桿也難以承重。所以冬季時,此區會改為在實木大桌上陳列,下方的木箱則可以作為庫存收納的空間。

法則 102 視覺死角擺放大型的商品

店內難免有櫃檯的視覺死角,為了避免此區陳列不被偷走,因此陳列大型的皮革老件、外套褲裝等。

法則 103 別忽略動線終點

在動線邊緣的陳列,意外地擁有顧客的注視。此處位於空間動線終點,也正好在櫃檯前方(請參考 P.135 平面圖 D),因此可以陳列優惠商品或長青商品,讓顧客在結帳前容易納入購買考量。除此之外,可以善用此區展示服飾搭配創造視覺焦點,促成詢問意願。

藝術精品 | # 食品 | # 家飾
生活用品 | # 服飾與配件
清潔用品 | # 廚房用具
圖書、文具

回歸本質的極致陳列實驗

— wearPractice

創立於 2011 年的 wearPractice，一開始以網路銷售自創品牌，在品牌設想中，服飾與生活用品類的商品都需要親自觸摸，於是後來在中山的小巷弄裡，成立實體空間成為接觸顧客的媒介，也成為與台灣獨立設計師合作的平台，販售的品項擴及生活面向的各種形式。

wearPractice 將空間定義為「實驗室」，與設計師討論時猶如實驗時的過程，充滿著不確定性與未知，卻體現 wearPractice 的理念「以極大的自由強調生活的美感與價值觀」。

wearPractice：Lab. 模範 品牌實驗室

地址：台北市中山區中山北路二段 26 巷 22 號 F1、B1
電話：02-2522-4173
網址：https://www.wear-practice.com/
營業時間：週二至日 14:00~22:00（週一休館）
店鋪坪數：約 45 坪
販售品項：約有 70-80 個設計師品牌

生活感與工作交融的雋永布局

在店鋪林立、競爭激烈的中山區，隱密於小巷內的 wearPractice，鐵鏽的大門顯得純粹與低調，有別於櫥窗擺放當季商品的行銷策略，卻充滿著各樣的綠色植栽。進門後，大型老件家具上的斑駁和痕跡，讓陳列的商品擁有靜謐的韻味，也使空間氛圍更加立體。

創辦人劉凱與行政總監 Ning 說，品牌的核心理念，是期待顧客購買商品後能使用很久，並不隨著潮流而改變喜愛，因此使用木頭、黃銅、黑鐵材質的老件家具，牆面也呈現裸露的模樣，與品牌訴說的概念連貫。此外，將店裡作為工作與生活的空間，因此不擺設大量的文宣品，讓顧客從外看進店裡時，像是在進行工作的狀態，而不只是銷售商品的場域。

空間分為一樓與地下室。有別於其他店家樓梯在較深處的區域，當初在決定樓梯的位置時，考量能讓顧客第一眼看到，於是在門口左側設計開口較大的樓梯。

地下室的空間位置大致分為四個區塊，每個區塊的商品都以品牌為主體陳列，除了能展現品牌每一季新品的概念，也能更理解商品背後，設計師完整的理念。

A. | 一樓體現了生活與工作結合的狀態，讓商品與空間的界線稍為模糊，也讓顧客對於商品擁有更多的想像力。

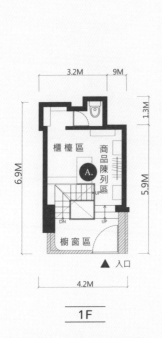

1F

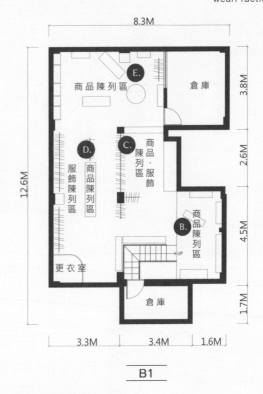

B1

B.	D.
C.	E.

B. | 下樓後首先會看到不定期選擇不同品牌，而營造氛圍的陳列，還有一旁主要以香氛、手錶、眼鏡為主的商品陳列區。

C. | 第二個商品陳列區以香氛、服飾、飾品為主，使用大型老件家具獨特的底蘊陳列商品。

D. | 第三個商品陳列區，以大型家具為陳列飾品的中島，兩側吊掛著服飾，對稱構圖讓視覺一致。

E. | 位於空間最後段的商品陳列區，販售的種類較多，有包包提袋、文具、飾品、攝影 ZINE 等。

運用家具與商品創造的封閉空間，刻意阻撓讓顧客走
逛時流暢的動線，進而能仔細專注在商品的細節中。

一樓的台階，將空間劃分為上與下，也讓顧客
從進門後，可以選擇往上下，或是下樓梯的走
逛動線。

充滿選擇性的互動式動線

在一樓 wearPractice 有一個台階，讓櫃台處於較高的位
置，區分上下的空間感，也讓進門的顧客能向櫃檯走，或
往地下室的樓梯走。「選物就是為了生活作選擇，所以
當顧客往上或往下時，也是間接在實踐選擇。」劉凱說。

通過樓梯到達地下室後，會隨著樓梯的方向自然讓動線
向左。第二個遇見的商品陳列區（請參考 P.145 平面圖 C），
走逛到尾端時會發現這裡運用家具與商品製造了封閉空
間，這樣的動線安排，目的是利用動線引導顧客在此停
留。

第三個商品陳列區運用中島的概念（請參考 P.145 平面圖
D），中央為飾品的陳列區，兩側為服飾的陳列區。有
別於第二個陳列區，大型家具以對稱的擺放方式呈現，
引導顧客的走逛動線能慢慢向內移動。

當走到最底時（請參考 P.145 平面圖 E），商品陳列區的
中央擺放著家具，使客走逛的路線從直線轉變為圍繞，
也讓顧客能沿著原路再次走逛離開。

視覺行銷的陳列心法
Visual Merchandising Ideas

左：品牌創辦人（品牌總監）／劉凱 Kai Liu
右：行政總監／羅森甯 Ning Luo

商品陳列容易犯的錯

* 不要盲目跟隨著流行的風格，因為當泛濫時，價值就會減少，也會降低吸引力。
* 使用多過的文宣或折扣行銷與陳列，可能會造成當商品有折扣或有文宣介紹時，顧客才會購買的狀況。
* 顧客觀看商品離開後，一定要重新整理陳列，才能讓保持整齊與一致。
* 注意顧客的拿取與觀看，像是使用老件家具，原本設計就是為了居家使用，在陳列上可能會造成顧客需要蹲下來才能看到的狀態。

給新手的陳列建議

* 風格建立可以先從自己的喜好著手，再去思考如何與大眾取得平衡。
* 一開始可以運用一小塊區域練習陳列，先設定一個主題或情境，每個人的想像都不一樣，逐漸讓陳列成為生活的練習與美感的雕塑。
* 建議參考日本店家的陳列，像是 Graphpaper，空間設計非常極簡，需要將牆上的畫作拉出來才能看到商品，空間本身成為一件作品，消除不必要的視覺元素。ARTS & SCIENCE 在東京和京都擁有許多店，但是每一間店都有不同的販售種類，像是其中一間，店內所有的陳列都使用玻璃，進去後只有櫃台與櫃台後的展櫃，純粹運用空間，呈現表達的主題。
* 陳列時對商品的掌握很重要，也許創造矛盾的陳列方式會讓顧客注意到，但視覺平衡的拿捏還是要考量。

黃金陳列區的技巧
Hot Zone Display

wearPractice 每一區的商品陳列都很平均，因此沒有設定黃金陳列區，但店裡最醒目、能讓顧客第一眼看到的，就是掛在門口與樓梯高處的服飾。

Ning 說「有時候顧客從店的外觀，會比較難判斷 wearPractice 是哪一種型態的商店時，藉由服飾能推測是選物店。」

法則 104 運用櫥窗呈現商店類型
陳列於門口與樓梯高處的服飾，不定期會更換不同品牌的服裝，放在較高處的位置，符合一般人行走在路上觀看的視線，又特別以黃光聚焦，讓過路客能注意到。

陳列重點聚焦
Display Key Points

法則 105 賦予家具不同的使用方式

原本是老件的化妝台，在陳列上被給予新的用途與加分運用，使用原本就有的化妝鏡讓顧客飾戴，並將原本擺放化妝品的兩側，以及特意將抽屜拉出，成為陳列飾品的區域。

法則 106 利用意想不到的道具

wearPractice 秉持著「實驗室」的精神，使用培養皿和圓形玻璃罩營造實驗的氛圍，從最高至最低陳列，讓後方的商品不會被前方遮擋，創造多個三角形的構圖，構築視覺的穩定感與豐富性。另外，像是吊掛衣服的衣桿，也使用老件的枴杖、水龍頭、油壓管等道具陳列。

法則 107 氛圍營造，導覽補足

有別於將貴重商品放進玻璃櫃的思考，將想創造「標本」氛圍的品牌放入，為了補足顧客看到玻璃櫃時的距離感，店員會特別為商品導覽，以補足顧客與商品間的隔閡。

法則 108 運用鏡子讓顧客想像，以增加購買意願

店內有許多服飾與配件類的商品，顧客都希望可以將商品拿起來比比看，想像商品在身上的模樣，因此在店內各處都能看見鏡子，以增加顧客的購買意願。此外，運用鏡子反射的特質，更能擴大空間感。

法則 109 陳列關聯性物品，創造專業感

陳列平面物品時，若使用直線的陳列法會顯得單調，可以運用木板或木盒，放置在底下增加層次感，讓視覺更為豐富。
陳列皮件類的商品時，在旁放置與皮件相關的工具，方便店員定期保養使用，也能營造工匠般的專業感。

法則 110 撤除價格，專注商品本身

wearPractice 只在地下室靠近樓梯處的商品有標價牌，讓顧客可以從此處了解整間店的價格大致在哪個區間。沒有標價牌是希望顧客可以更專注在商品本身。

法則 111 開放式更衣室的可能性

為了讓顧客能實際觸摸、感受服裝的細節，在第二區的最前方有開放式的更衣室，平時猶如一隅的物件擺設，但是當門簾拉起來後，就轉變為空間充足的更衣室。由於更衣室在邊角的區域，不在走逛動線內，因此不會讓試穿與走逛的顧客相撞。

風格小店陳列術

恪守氛圍，變化陳列引導
上下交錯視野

— Washida HOME STORE

2007 年創立於台南的服飾品牌 Washida，經過 8 年的耕耘，在 2015 年台中開立了第二家結合咖啡店、藝術空間與生活服飾選物的「Washida HOME STORE」。延伸品牌原本的簡約生活美學，堅持店鋪空間同樣要維持乾淨、留白的設計主軸。

Washida HOME STORE

地址：台中市西區中興四巷 4 號
電話：04-2301-6981
網址：http://www.washida.co/
營業時間：週一至週日 12:00~20:00
店鋪坪數：約 50 坪（不含 B1）
販售品項：約 400 項

COFFEE BAR

A. | 店頭的咖啡吧檯區，加入咖啡的銷售，的確有助於增加過路客的注意力。在等待咖啡的過程，也可以讓顧客對於店鋪有更深的認識。

風格與陳列的布局
Style and Display Arrangement

留白放鬆的簡約美學

創意總監 Monique 表示，「Washida HOME STORE」是她與夥伴 Walass 對於美好生活的理想實踐，想像在悠閒的空間內，能不被打擾，放鬆地享受一杯咖啡時光。因此，當決定要在台中開立第二家店鋪時，店鋪裡最先定調的區域，其實是店頭的咖啡吧檯。

<u>咖啡吧檯放置店頭處主要是希望吸引更多客人進入</u>，即便是外帶一杯咖啡也可以<u>創造店鋪與陌生客的交流</u>。由於店門採用落地窗的設計，因此也會隨著季節，讓店門敞開，用咖啡香吸引顧客。

除了加入咖啡經營的策略，因為品牌的最根本價值在於簡單、舒適的生活美學。因此白色也變成店鋪風格的主要原則。白色幾乎佔了全店色彩的 80%，大面積的留白，也營造出簡潔無暇之美學。

不過隨著商品數量的增加，卻也發現空間愈來愈不夠用。如何取得空間與商品陳列數量的平衡，也成為 Monique 與夥伴時常拉鋸討論的問題。此時只能思考更有效率的商品收納方式，或以活動式矮櫃架的方式，陳列部分商品。

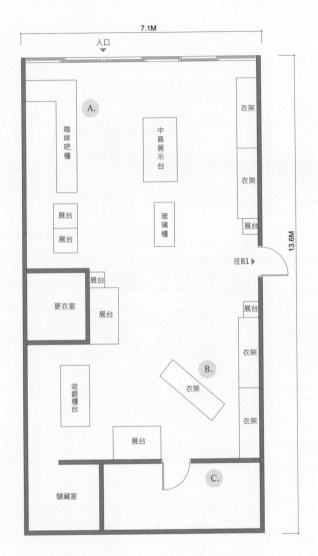

A.

入口

7.1M

13.6M

咖啡吧檯

中島展示台

玻璃櫃

展台

展台

往B1 ▶

衣架

衣架

展台

展台

更衣室

展台

展台

收銀櫃台

衣架

B.
衣架

展台

衣架

儲藏室

展台

C.

B.	C.

B.｜店鋪前段的服飾定位是日常經典，店鋪後段陳列的是設計性格比較鮮明的服飾。此處的服裝較常隨著主題變化，陳列的氣質也比較活潑。

C.｜店鋪最深處的空間則是有一塊圖書展覽區，此處會陳列店鋪選書，並會販售藝術家與設計師商品，或因主題規劃展覽。

櫃台旁有一小塊加購區擺放生活小物供顧客參考。　店裡空間寬敞簡約，搭配老件家具讓空間中帶有一點樸質氣質。

店鋪後段會以主題的方式陳列不同風格或其他合作品牌的選物。

客人為主的動線設計

店鋪的動線主要分為兩種路線，一是直接上門買咖啡的客人，會走往咖啡吧檯區點咖啡，等待咖啡的過程中，會再沿著走道逛入店鋪後方，接著再前往櫃台買單結帳；二是進門後先看到店頭的陳列平台，再一路由左方瀏覽服裝，沿著路線走進後方實驗性較強的陳列區，若有興趣才會踏入最深處的書店展區。由於店鋪的空間寬廣，因此主要會把商品陳列在分為左、

中、右三邊，讓顧客靠右或靠左行進。這也是 Monique 自己試走過多次的心得。

而關於商品的佈局，前半段以基本款、熱銷品牌為主，後半段則以較為實驗性的服裝為主力，如此安排的原因在於，非熟客上門時，能用較平緩親近的視覺為其留下印象。

視覺行銷的陳列心法
Visual Merchandising Ideas

左：店長／Barry
右：創意總監／Manique

商品陳列容易犯的錯

* 眼鏡與彩度高的商品陳列上仍無法駕輕就熟，還在嘗試找到更理想的陳列方式。
* Monique 覺得自己在陳列時擺放得太密集與擁擠而干擾其他物品的視線。

給新手的陳列建議

* 先抓出大方向，小的元素再逐一加入。
* 做出特色與差異化非常重要。
* 陳列不外乎多擺多嘗試，維持店鋪的獨特性才是黏著客人的因素之一。
* 不要害怕與競業成為朋友，能互相交流、激發靈感也能集中進貨降低成本。

法則 112 低平台陳列,製造多角度觀看可能

高度偏低的展示平台,優點在於可以從不同方向欣賞平台上的商品。顧客能夠以不同角度確認商品的造型與特色。此外,即便只是把商品擺放在上面,也會因為視線降低,純粹的直放或立放就可以帶來畫面感。配合店內的大面落地窗,從店外就能看見展示台上的選品,激發顧客的好奇心。

法則 113 掌握平面與立體的平衡

因為視角低矮,從上往下看時,連帶地也會使商品呈現地更加清楚,而在陳列時,可發現平台上方將服飾平放,呈現大塊面積感。下方則集中擺放立體感強的皮帶、杯子等小物。下方面積感弱,但立體感強,讓視覺取得平衡。

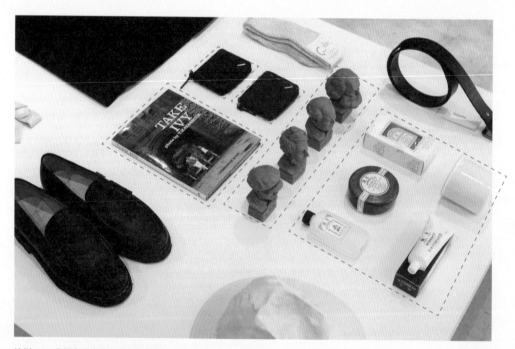

法則 114 掌握商品寬度,變化多欄陳列

在陳列商品時,Monique 習慣以奇數當作其陳列原則。譬如此處的書本與襪子,與上方風衣等寬,向下再分出三欄,變化三欄的商品高度與寬度變化,維持視覺的協調性。

黃金陳列區的技巧
Hot Zone Display

利用低矮空間大面積展示商品

店內的黃金陳列區為店頭的主題陳列平台，此平台並特別降低高度，使顧客可以從遠處一覽平台上的物件。此區會依照企畫主題，陳列相關商品。採訪當天的主題便是熟男紳士，想像紳士治裝或日常生活，所需會使用到的物件，以攤平的方式表現物件的造型美。

搭配擺放較有童心的公仔，讓駐足欣賞的客人能對此產生聯想或共鳴；因高度較為低矮，擺放技巧與視角間的關聯，也是需要特別考量之因素。

陳列重點聚焦

Display Key Points

法則 115 水果攤取經的斜角陳列

以日本水果攤為概念特別訂製的櫃子，其分格空間適合做為小範圍的商品陳列台。因為品項區分清楚明瞭，每一個小空間都可以變化一種主題，可以隨商品特性斟酌使用，高單價的商品更可加入玻璃蓋保護，應用的範圍多樣且好搭配。

法則 116 老櫃架展示，提升商品價值感

玻璃矮櫃是店家的個人收藏，拿來搭配單價較高、質感做工一流的鞋品。當商品被收放在玻璃櫃架中，容易造成顧客心理上的距離，因此自然地會覺得商品具有精緻感，也藉此讓顧客理解櫃內擺放的是高單價的商品。

法則 117 內外互看的觀察趣味

由於店舖外有一個小庭院，許多過路客常因為不熟悉而不敢貿然踏入店內。因此在裝潢的時候，特別把庭院外面的圍牆挖出一個小洞，讓行經的路人可一窺其內。營運後發現，的確有許多過路行人會透過此洞觀察店舖內容。

法則 118 收斂商品的彩度

由於空間以白色為主要風格，如何維持陳列色彩的協調性則是
一大難題。除了在選物時要先過濾色彩感較強烈的商品外，少
部分多彩的商品，則可以統一收納在一個箱盒容器中，只露出
側邊以收斂彩度。

法則 119 上下視角交錯的陳列設計

來到店內會發現 Washida HOME 衣架的高度，比一般服飾店更高。它們刻意把衣架提高，讓衣架下方露出更多空間，並
利用非常低矮的展台進行陳列。被置放在低矮展台的物件，通常是立體或造型感較強的商品。低矮的展台表現，雖容易讓
顧客忽略，但因為店鋪空間充足且色調乾淨，因此顧客從遠處就可以清楚看見地上的展台，走近時觀看服飾時，很難不會
順便低頭一窺究竟。

＃藝術精品｜＃食品｜＃家飾
＃生活用品｜服飾與配件
＃清潔用品｜廚房用具
＃圖書・文具

眾多細節聚集而成的飽滿陳列

— 有肉 Succulent & Gift

創業近半年的「有肉 Succulent & Gift」是新型態的多肉植物聚合空間，聚集台灣 30 家以上的多肉植物相關品牌，以及設計盆器於店內，希望讓顧客在這個充滿綠意的空間中，充分感到多肉植栽與盆器的溫度，享受生命的美好，領會有肉植物所帶來的療癒作用。

有肉 Succulent & Gift

地址：台北市大安區四維路 76 巷 19 號 1F
電話：02-2701-7257
網址：www.succuland.com.tw
營業時間：11:00-18:30
店鋪坪數：62 坪
販售品項：上千件

除了桌面，壁面也陳列了大量盆栽。

主打溫暖陽光風，依品牌區分展售空間

「有肉」所販賣的商品，都和多肉植物有關，他們與台灣三十多位設計師合作，創作出木頭、金屬、水泥、玻璃等等不同材質的盆器來盛裝多肉植物，讓多肉植物盆栽跳脫傳統塑膠材質盆器，讓植栽變化出不同的氛圍。由於主要的客群以女性居多，因此希望顧客來店後能夠很舒適地逛，感受到店內的活潑生氣。也因此「有肉」走的是「溫暖陽光」風格，店內使用白色牆面及原木色層架、盆器，搭配多肉植物的鮮綠，並打上仿日光的白色照明燈，讓店內從早到晚都散發著新鮮、活力與朝氣。

也因為有肉合作的品牌眾多，如何讓每個品牌都有各自的展售空間，好讓品牌商品完整地被消費者看到，是「有肉」在規劃店面空間時最先思考的重點。踏入有肉的店門，門口的主展區及其右側層架上，會依當月展覽主題，融合各種不同品牌來陳列。從主展區旁的牆面展架開始，則依品牌將盆器分別陳列在不同展架上，希望客戶逛到每一區，都能感受到不同的氛圍。

風格與陳列的布局

Style and Display Arrangement

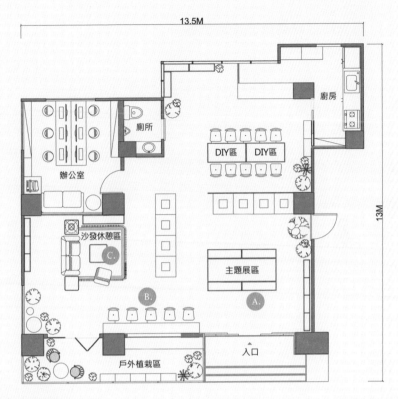

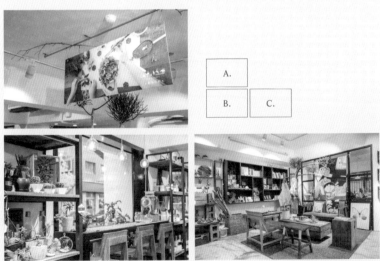

A. ｜一進門迎面的展桌，上方用看板作為主視覺來突顯每月主題；每月更換一次展出主題。

B. ｜由於店內商品繁多，店內落地玻璃窗後設有座位，讓客戶逛累了可在此處休息。

C. ｜沙發區刻意營造出居家氛圍，客戶在等待組盆時，有時會順便看看架上的書刊、雜誌，或加購文創商品。

高詢問度商品擺最後，引導
客戶走完全店

把主展區的商品放在店門口，是希望第一次來訪的顧客，能夠先以主展區為主要觀賞重點，然後再沿著牆面不同品牌的展示區一一瀏覽。店內並擺放了數盆醒目的大型多肉植物，以此吸引顧客更往店內走。陸續經過組盆 DIY 桌與大型多肉植物區，接著逛到最裡面及旁邊的混合商品陳列區。最後繞到櫃台另一側，繼續瀏覽幾個品牌展架的商品。除了初次來訪的顧客，現在很多消費者也會先在網路上搜尋，先調查商品後才來店內。因此對於詢問度最高的商品，就會放置在店面最後端的混合陳列區中，技巧性地引導顧客走完全店。

當顧客選好商品後，會引導他們在櫃台旁的沙發區休息、等候組盆。而在等待的過程中顧客也會順便看看櫃架上的文創商品、書刊雜誌，有興趣的話還可便可加購。

由於店裡販賣的是植物盆器，顧客有時會需要蹲下來，挑選放置在櫃架最下方的盆器。所以在走道規劃方面，會留有一個人蹲下看盆器時，另一個人仍能從背後從容走過的舒適寬度。也因為販賣的是帶刺植物，顧客走逛時會不太敢靠近植物，也因此店員們通常會把帶刺植物往裡面放，隨時提醒消費者小心不要被刺到。

結合盆器與掛飾，造型可愛美觀。

視覺行銷的陳列心法

Visual Merchandising Ideas

創辦人 / 信雄　　　　創辦人 / GP　　　　創辦人 / Samantha

商品陳列容易犯的錯

＊ 把商品放在同一個平面，讓人感到十分單調。

＊ 商品陳列數量很多，但未有留白區塊，使整間店顯得相當擁擠。

＊ 走道寬度留得不夠，讓客戶碰到商品或被突出物刺到。

給新手的陳列建議

＊ 銷售不佳的商品可試著更換陳列位置，以增加銷量。

＊ 詢問度高的商品可放在店面較後面，吸引顧客走入瀏覽。

＊ 可用木箱、木盒，或訂製道具來陳列商品，儘量讓商品陳列起來高高低低的。

＊ 用日光燈照明打亮全室，能讓店裡呈現出朝氣與活力。

由於盆器具有各種風格，陳列時也須考量適合的色彩和道具，呈現其氣質。

法則 120 多面陳列，增加陳列空間與觀看層次

店門口的商品展示區塊，以企劃主題的方式呈現店內商品。由於多肉植物的體積與造型較小。因此把三張大小不一的桌面聚集成一個區塊形塑量感，再於桌面上陳列出盆栽的情境。主題區的背面，則加入利用空心磚搭建出階梯般的展台。分出三層平台，增加商品的陳列數量。

黃金陳列區的技巧
Hot Zone Display

多塊桌面集合陳列區域

有肉的黃金陳列區位於一進門口的商品展示桌以及右手邊的層架,都是「有肉」的主題策展區,每月會更換一次主題,像是去年冬天就曾企劃「聖誕交換禮物專區」,採訪當天則以「動物狂歡」為主題。透過主題展覽的方式,將多肉植物、設計盆器與動物進行連接。因此,此區塊的選品便會陳列著有動物造型或名稱的多肉植物,例如「貓頭鷹」造型的盆栽,或名叫「不死鳥」的多肉植物。

右方的櫃架同樣是主題區的一部分,不過此處會再呈現出各種品牌的設計盆器。

由於架上有一格格的分區,能分門別類地展現出各品牌的材質、造型,以及特色;有點像是在入口處,便把整家店的精華凝縮於此,因此該櫃架也是本店周轉率較佳的「黃金陳列區」之一。

法則 121 利用家具造型,變化陳列醒目度
右側的展架也是本店的黃金陳列區之一,展架的運用也加入了一點小巧思,中央的展架稍寬,相對於左右兩邊,視覺上便可帶有前進的效果,稍微突出的櫃架,在視覺上會讓人感覺較為醒目,也更容易引導顧客觀看商品。

法則 122 趣味小物,提升觀賞樂趣
在陳列中適時擺放趣味公仔,造出一個類似植物園的小情境,顧客可以感受到可愛溫馨的氛圍,而當顧客實際購買植栽回家後,也可以運用相同的手法,在自家變化不同的場景。

陳列重點聚焦

Display Key Points

法則 123 左右對稱搭配材質對比

由於合作品牌眾多，商品陳列是依品牌來陳列在不同
展架上，但不同展架之間，仍儘量找尋相似的平衡點。
例如：雖然是對稱地擺放兩個相同的層架，但左右兩
側的商品材質，便可加入差異，水泥材質對比木頭材
質，同時陳列時，不僅方便顧客參考比較，視覺上也
讓對稱中加入變化。

法則 124 鋪滿綠意的視覺張力

店門口及門口左側陳列了不少大型多肉植物，是吸引遊客拍照的景點，把一排排多肉陳列在外，並藉由空心磚來
堆疊出層次高低，主要是希望顧客經過時，能直接感受到叢叢綠意，一眼就知道此店的營業項目是什麼。

法則 125 前低後高的陳列佈局

店內販售的許多設計盆器，造型都偏小。如果只是整齊地擺放在層架，視覺上會無法突顯，且顧客也不方便看到重點。如果商品的體積不大，就可以將商品分為前後兩排，後排的商品可以襯墊木板或木箱增加高度，使其更容易被看見。而在設計陳列時，可在場景中加入一個高點，讓視線遊走高低之間。

法則 126 運用磁鐵的陳列創意

店內亦有販售頗有創意的磁鐵盆栽，盆器背後加入磁鐵設計，在陳列商品時便可直接，貼在鐵板上，突顯商品特色。

法則 127 多材貨的綜合陳列

用玻璃材質及白色盆器盛裝，讓盆栽顯得格外潔淨與細緻；用高低不同的木板、木盒、木箱作為道具來陳列，以呈現出立體感與層次。

法則 128 店鋪深處可放置有趣吸睛商品

DIY 桌後面放了許多大型的多肉植物，其中包括名為「姚明」的大型仙人掌。因為尺寸大，很容易吸引顧客目光，因此把這些大型植物放置在店鋪的後方，目的在吸引客戶往店面後面走，帶動最後面三個櫃架的銷售。

凝縮生活理念的有機陳列學

— funfuntown / 放放堂

兩位負責人蕭光與王馨原本從事廣告工作，離開高壓緊湊的職場環境後，兩人思考著把工作場域與生活經驗結合的可能性，過程中也曾歷經咖啡店創業，2006 年則開立放放堂，以日常生活為出發點，精選國內外的設計家具、DIY 手作商品，以及生活雜貨。

放放堂非常強調物件使用與生活經驗的連結。店鋪的陳列用心，力求讓物件自然彰顯其特色，整體規劃以營造自在、舒服的氛圍為原則。

funfuntown / 放放堂

地址：台北市松山區富錦街 359 巷 1 弄 2 號
電話：02-2766-5916
網址：http://funfuntown.com/
營業時間：週三至週日 13：00-19：00
店鋪坪數：25 坪
販售品項：約 2 ～ 300 種

風格與陳列的布局

Style and Display Arrangement

A.│櫥窗擺放的商品，有助於讓路過顧客了解店鋪的風格。不過把大塊的櫥窗位置，都留給了盆栽植物，理由是此面向光，植物才好生長。由此也可見他們熱愛自由與自然的經營哲學。

輕鬆的自在動線

蕭光分享，放放堂這個空間，不只是店鋪，這裡也是他與王馨的日常生活場域，所以在裝潢與陳列上，也強調單純自然的生活面貌，並不會因為選物店的定位，就刻意在空間裝潢與佈置上訴求奇觀或為設計而設計的表現。大原則會是以營造整體舒適的氛圍為主，環境若是舒適自在，商品自有其可說話空間予以發展。

蕭光 / 王馨表示，95% 的客人進門後都會先往左走，進入店內的植栽區（此為機動區，陳列商品不定期會改變），此區塊陳

列了許多顏色繽紛的單品，吸引客人駐足停留挑選。等顧客漸漸理解店鋪風格，心情放鬆後就會走入店內，再緩慢地往店內各處逛逛，並沒有刻意安排動線的引導。大原則就是店內的每一條走道需保持一定的舒暢與空間感。不以坪數績效為優先考量，讓客人能舒服自在，在店內待得愈久，愈有機會與時間和商品進行交流互動。

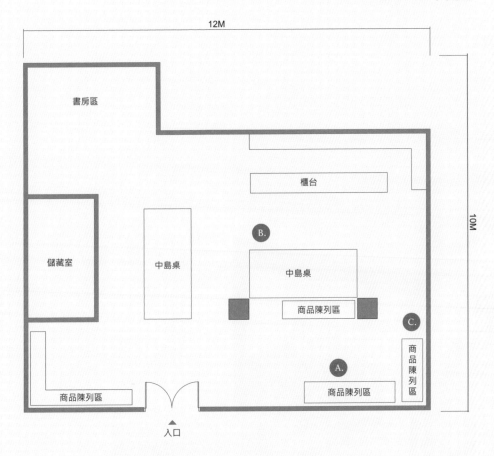

B.	C.

B. | 櫃台前方的桌面以杯、盤等實用生活物件為主。

C. | 店鋪右側則放置了多個桌櫃，多功能書桌則在桌面上加入黃銅文具的陳列，呼應辦公室的氣質。

除了生活雜貨，放放堂的多種設計燈具也是主力商品之一。

從生活經驗取經陳列風格

店鋪販售的商品，可大略分為食器、家具、家飾、圖書、文具、花器、少量的玩具及 DIY 商品，陳列時主要<u>依功能性以及生活經驗去進行想像</u>。例如：食器的陳列，可能就會延伸到餐桌布置，接著漸漸帶入植栽與其他家飾品。從「食器」連接到「飲食」，連接到「餐桌」，然後進入居家生活的想像。

對放放堂來說，<u>陳列並不是能夠樣版化的技法，而是出自內心對於美感的底蘊與環境的感受力。</u>兩人希望顧客在放放堂感受到的，是不同生活場景的實踐，而不只是唯物的造型展示。店鋪的陳列，其實並不是完全的商業考量，反而很多是兩人多年生活經驗、喜好以及態度的體現。店鋪每三個月會大換一次陳列，但一天之內換個數次也是常態，只要覺得有更好的陳列方式或狀態，就稍加轉變看看，或許能撞擊出令人喜悅的結果。因此店內的樣貌，更可以像是植物一般，呈現出有機，也不斷變動的生命力。

視覺行銷的陳列心法

Visual Merchandising Ideas

堂主／蕭光　　　　　　　　堂姐／王馨

給新手的陳列建議

陳列須以心法出發，若刻意表現太多，會搶過商品的本身，蕭光與王馨非常重視商品背後的
價值與原創性，若能直接認識設計師本人，多了解熟識，則更能替陳列做出更相近的氛圍與
舒適環境，不流於僅有表面的風格設立。

琺瑯杯也是店內的熱銷商品之一。

造型獨特，結合手作和趣味氣質的商品也反映了店鋪的個性。

法則 129 以商品設計力吸引觀注

此吊燈是店內的人氣商品，很容易吸引顧客的好奇心，因而將之懸吊在正門口的陳列區，有助於開啟顧客主動詢問的第一步。店內不會過於殷動向客人說明商品，但若察覺客人對商品有興趣，則為自然地靠近解說，多數客人在經由解說後，能更深入認識其背後故事，也會對商品產生情感連結。

法則 130 桌中桌的視覺變化

黃金陳列區整體以大長桌為主體，中段疊放入圓桌，除了增添其層次高度，更以圓形打散直長區塊的一條到底，畫面更具變化感。

法則 131 往上堆疊呈現造型美

將同系列花紋的各尺寸餐具重疊，是簡單且效果佳的陳列手法，可營造出不造作的層次感，同時也可讓客人清楚感受各尺寸大小相互搭配出的效果。

法則 132 小型盒箱拓展桌面層次感

小型的箱盒不僅可以做為收納道具，也具有切割桌面佈局的效果。當商品的類型較多，在陳列上想變化商品風格或屬性時，便可以與盒箱搭配，暗示讀者此區塊陳列的商品，與前後商品不同，並製造高低起伏的立體層次感。溫潤暖色的木質，搭配黃銅餐具，也柔化了黃銅理性冷靜風貌的效果，在陳列中揉入更多生活感。

黃金陳列區的技巧
Hot Zone Display

趣味主燈打亮，引入物件故事

從大門進入，正面迎來的長型桌區域即為店內的黃金陳列區。正對門口的長桌，延伸了視覺的景深與份量感，更重要的是，該區天花板上懸掛著由荷蘭與台灣設計師聯手打造的置物燈具，許多顧客會在此駐足欣賞。

因為是長桌，沿線是往內延伸，若只是將商品平鋪，就顯得太無趣且了無新意，因此在陳列時一定要運用前低後高的視覺基礎，前段的商品可以以平放為主，但在中段便可搭配木箱聚焦物件，後段則利用襯底或交疊的方式，提升陳列高度。當顧客一進門向內望去，則可清楚一覽桌面高低差異與重點商品。

其實此區塊並不是擺放最暢銷的單品，反而會陳列主推的品牌，希望這區擺放的都是能讓客人能多多沉澱的商品。一但觀察到顧客有需要，就會前往向顧客介紹商品的特點與故事。譬如廣受好評的置物燈具，許多顧客購買這個燈具後，還會再回來向蕭先生分享他們在裡面擺放了什麼東西。

讓蕭光感到最開心的，就是這些因為自家商品，而散播的交流與情誼。這樣的感受是無法被金錢量化的，即便顧客離開時沒有任何消費，但對話與交流還是會在他們心中咀嚼消化，將來有需要的話，顧客還是有可能再次光臨。

陳列重點聚焦
Display Key Points

法則 133 以燈光與主題變化氛圍

此區原為工作室，近年隨著工作習慣改
變而打通成為商品陳列區。以文人書房
為陳列概念，將單價高、需靜靜欣賞的
家具商品，入駐小小空間中。

利用天花板的 3D 燈與小木櫃內嵌入燈
光，讓微黃光線訴說夜晚的嫻靜時光。
同時，此區陳列商品也以文人的收藏品
為概念，不會有其他生活類的商品混淆
其核心主題。

法則 134 大量陳列加深顧客印象

相同商品，但刻意變化不同的陳列方式，可以有
效吸引顧客的目光。特別是當商品色彩繽紛，大
量陳列時，更可呈現出強烈的量感，讓顧客無法
忽視。特別的是，因琺瑯杯為手工製作，每個模
樣會有約略差異，反放可更明確展現色彩，也更
便於客人挑選，回歸到商品面的外型本貌。

法則 135 DIY 巧思，變化獨一無二陳列道具

陳列的重點是突顯商品特色，但此款菇菇木
頭磁鐵因為造型特殊，試過多種陳列方式，
都無法呈現出商品特色。某天薾光將其吸附
在自己 DIY 手作的鐵釘木塊上，意外地營造
出植物生長的意味。有趣的是，此塊堂主手
作的陳列木台，反而多次被顧客詢問此物否
有販賣。

好照片是陳列氛圍的參考準則

—— Everyday ware & co

Everyday ware & co 是由 A ROOM MODEL 和 GROOVY 兩間服飾品牌的老闆共同創立的生活選品店，店內選品偏向中性調性，除了生活雜貨、家具、香氛之外，也販售服飾。

Everyday ware & co 選物時對於商品的外型與包裝有一定的堅持，希望店內的每件商品都能提升生活中的美感品味。因此在規劃店面陳列時，店鋪的各個角落都可以看見充滿生活感的氛圍，思考陳列後的攝影效果，期待每個角落皆能拍出有感覺的照片。

Everyday ware & co

地址：台北市中山區中山北路二段 20 巷 25 號 2 樓
電話：02-2523-7224
網址：http://www.everydayware.co/
營業時間：週二至週日 14:00-20:00；週一 14:30-20:00
店鋪坪數：約 30 坪
販售品項：約 300 至 350 項

風格與陳列的布局
Style and Display Arrangement

輕鬆的自在動線

店址位於老舊公寓的二樓，整體風格定調為中性略帶粗獷的輪廓，多以低調的米白與木頭色做為陳列搭配，底色不超過三色，將主角留給商品做表現。店內最吸睛的是他們特別訂製的一個大型木造屋，因為造型大也特別，這個道具很自然地就吸引了顧客的好奇心，不需刻意的動線導覽，便成為視覺焦點所在，加入陳列後，更具有誘發顧客一窺究竟的視覺效果。

不斷變動分區佈局

店內販售品項包含生活用品、服飾、食器、香氛、保養品及少量的家具及文具，店鋪的選物標準，除了實用性，也考量商品外型與包裝的設計感，力求能讓客人一眼就被吸引。

店鋪平均半個月到一個月會變換陳列的方式與區域，並不會限制商品出現的位置，唯一的大原則則為商品的「功能性」。在陳列時並不會硬性區分出各個區塊的商品屬型，而是透過商品功能進行延伸，像是線香旁邊擺放的是香氛，共通點是以嗅覺為出發點，或在羊毛毯的旁邊則掛上服飾，延伸溫潤質感的商品特性，提供類似需求的顧客，更豐富的挑選品項。

強調各個局部的氛圍，不同角落都可以看見巧思和趣味。

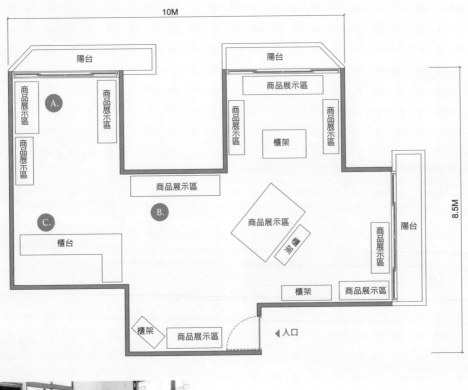

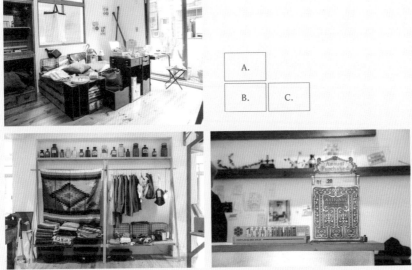

A. | 店鋪的左側以男人的房間為概念，加入床鋪與軍用櫃的陳列，模擬男性房間的氣質。

B. | 店鋪的中央，陳列了萬用毯與服飾，上方與下方也分別加入玻璃罐與置物籃。陳列的邏輯比較跳躍，但大致上仍是從居家生活的物件中表現氛圍。

C. | 櫃台維持簡單大方的風格，並沒有擺放多餘的加購小物，不過收銀機的造型非常特別，令人印象深刻。

布滿煙灰缸的桌面陳列。

運用洞洞板讓高處壁面的陳列也能具有裝飾性。

觀察顧客習慣,持續調整動線與陳列

由於店鋪的陳列具有豐富彈性,空間的運用也獲得更大的可能,因此更可考量顧客的習慣,適時地進行調度。舉例來說,有些商品若能讓客人多翻、多試對於銷售會更有幫助。因此,總是地毯和工具箱等擁有多種花色,且須翻開挑選的商品前方就會保留了較大的空間,以便顧客將商品攤開檢視。某些造型小,可以直接檢閱特徵的商品,則可依情況,放置在櫃架上。

不過店裡的伙伴也觀察到,每一位顧客的個性不盡相同,並不是所有顧客都會動手翻看商品,因此還是會利用不同的陳列法,盡可能讓商品展現不同面貌,盡量用視覺呈現商品的特色;某些主打商品,甚至可以讓它不斷地出現在不同區域,像是毛毯就會疊放、吊掛等多種方式呈現,突顯毛毯的造型與色彩,以相異的手法表現加深顧客的印象。

視覺行銷的陳列心法

Visual Merchandising Ideas

店員 / Miao、廖淳

給新手的陳列建議

* 先抓到店內的風格，後續進行陳列就會較簡單。
* 盡量放鬆多嘗試，以大物件先訂下陳列的基準，後續增添小物件營造氛圍。
* 可以攝影的角度進行思考，陳列的區塊若拍照好看，基本上現場也會不錯。
* 平時也要多涉獵相關書籍和網站，其他風格店家也能多做參考，隨時累積靈感。

左側的木箱其實也是商品
之一，加入燈光效果後反
而表現出類似裝置藝術的
趣味。

法則 136 突顯商品包裝的陳列法

此區香皂的每款包裝花色不同,因而採用平放呈現的陳列,方便顧客一覽美麗的包裝設計。為了表現出商品的質感,香皂與香皂之間會保留寬裕的空間,避免佈局得太過擁擠,不同尺寸的香皂更可以同時陳列,為整齊的畫面帶入小小變化。

法則 137 容器收納高彩商品

同樣是香皂,但此處商品的顏色較亮且跳,直接放置桌面會顯得不和諧,因此運用一個白色小托盤,以立體堆放的方式,限制住多彩的顏色。上下堆疊,並加入方向性的變化,右側的空間並加入同樣是管狀造型的護手霜,圓盤中加入兩個三角形的佈局,在靜謐的一角,散發出色彩與方向性的張力。

黃金陳列區的技巧
Hot Zone Display

以大型裝置道具變化陳列

Everyday ware & co 的黃金陳列區就是整個空間中最顯眼的木造小屋，因其為穿透式的鏤空設計，內部不僅可以陳列商品，頂端的樑柱還可吊掛服飾、毛毯或是旗幟，很適合表現出多樣商品的繽紛感。木造屋內主要擺放主打商品，木屋的入口處放置了保養、香氛類商品。以香氣為出發點，從線香延伸至香氛產品，其中更穿插陳列透明藥罐，除了替桌面帶來變化，也示意顧客可將線香插入藥罐內佈置使用。

此區桌面陳列的商品體積都不大，且主攻女性客群，長桌上並分出許多小區間，加入利用方向、角度或高度的微調，讓視覺效果顯得活潑有變化。

法則 138 吊掛填補視平線空缺
由於木造屋是鏤空的造型，所以除了桌面的陳列，上方的空間也可以拿來懸掛旗幟、圍裙或是包袋等輕薄商品。一方面可以增加空間中的裝飾性，另方面也可以在空間中加入壁掛陳列的效果。

法則 139 辦別度高的商品，可收納於較低處
陳列時，也可運用色彩，帶出活潑質感。由於木屋長桌上方擺放的線香與香氛商品，色彩較簡單。因此桌面下方陳列了繽紛顏色的萬用毛毯。讓整體區塊不至於顯得太輕，彩度高的商品雖然搶眼，但因為被放在下層，也不至於干擾到上方的陳列。

陳
列
重
點
聚
焦

Display Key Points

法則 140 加入光線穿透的情境

在大型玻璃櫃中並沒有把商品放滿,而是呼應材質特性,放置數個大
小並陳的玻璃罐。透過自然光線的映入,在室內製造穿透明亮的感覺。

法則 141 以自然光突顯氛圍

運用從落地窗映入的陽光營造出明亮輕鬆的清新氛圍,並將商品
直接陳列於地上,引導顧客降低視線範圍。商品則收納在工具箱
中。一次排開不同造型的各式提袋,提袋中再放置綠色植物或趣
味動物擺飾,同時呈現多件商品,卻也饒富日常經驗的生活感。

法則 142 集中擺放相近材質商品

木造屋後側的牆面使用洞洞板陳列工作圍裙周遭並放置毛毯與布鞋，讓棉質與布料類的商品互相集中陳列。布鞋的陳列則運用了老木椅加入高低差，微斜的鞋尖，與直擺木椅做出方向變化。襯墊在布鞋下的小毯，則具帶有橫向線條，玩味不同指向的趣味。

法則 143 展示商品直接收納於櫃中

高價單、較易損傷的商品，則可展示於密閉的櫃架中，避免顧客因拿取觀看，而不小心造成損害。如果櫃架本身的造型感夠高，搭配整齊保留適當空間的陳列，就能簡單營造出商品的精緻感。

藝術精品 | # 食品 | # 家飾
生活用品 | # 服飾與配件
清潔用品 | # 廚房用具
圖書、文具

拋開陳列規則
由美感呈現古物的獨特氛圍

— 鳥飛古物

鳥飛古物店的主理人葉家宏，從最初收集古董的興趣，到成立店面，已有將近十年的時間，是台南在地具有代表性的古物店。相較於許多人將購買古董當作投資，或是想搜集稀有物件，在鳥飛古物店，更常看到的是日常的工具，或是能使用於生活中的老件，像是日治時期的牛奶燈、昭和時期木櫃、歐洲實木桌等。

運用老家具打造充滿美感的空間，吸引了許多過路客的目光，無論是否原本就對古物有興趣的人，都能在此找到適合的欣賞方式。

鳥飛古物店

地址：台南市中西區忠義路二段 158 巷 62 號 1 樓之一
電話：06-221-1814
網址：https://asukaantique.co/
營業時間：週五至週一 13:00-19:00
店鋪坪數：約 41 坪
販售品項：1000 件以上

A. ｜店裡物品可簡單分為古物、老件訂做新品，以及藝術家作品，葉家宏在陳列時不會分區擺放，因為他希望讓所有物品都能自然融入店鋪空間。

打破空間侷限，為商品打造適合的舞台

最初鳥飛古物店其實是在倉庫裡經營，主理人家宏觀察，十年前會以店面經營的古董店家，大多進口北歐、美國、歐洲異國感較濃厚的物件。反觀，台、日兩地的雜貨古物，則以工作室或倉庫的方式販售，沒有陳列、簡單整理，只想快速流通，而他也是其中一員。後來家宏發現這樣的方式，難以彰顯物品真正的價值，於是逐漸改變經營方式。在因緣際會之下，他和幾個朋友一起進駐「萬屋砌室」作為工作室，後來又跟室內設計師小又一起承租 Paripari，在一樓空間開始經營古物店。前年，因為 Paripari 的空間不敷使用，才搬到了同一條路上的現址。

經過不同空間形態的轉換，對現在的家宏來說，店面像是一個舞台，而他所堅持的信念，就是要讓這些古物被人看到。然而古物店跟一般零售、選品店不同，一百個商品就代表有一百種不同的樣貌。「古物最特別的是，很多時候它在你生命中的任務，不一定是它原本被創造的用途，而是由人所賦予的，古物應該擁有更多可能性。」對家宏來說，陳列商品思考的不是種類或價格，而是如何真實呈現物品在生活中的感覺，透過陳列訴說物品的故事。

B.

C.

D.

B. | 透過真實呈現物品在生活中的感覺，訴說每一個古物背後的故事。

C. | 跳脫過去古物在倉庫的販售形式，運用陳列讓每個古物的特色被展現出來，拉進顧客與古物的距離。

D. | 主理人家宏會將民俗風水作為陳列的考量，在朋友的指點之下，將此區的空間保持留白，燈光也較暗。

利用燈光與陳列，構築室內外反差的陰翳之美

鳥飛古物店的內部空間，比起外觀看起來挑高許多，這種入口小、內部大的空間，就是人們所說的「甕仔厝」，在風水上有聚財的象徵，也讓顧客走進店裡時，會有豁然開朗的感覺。為了延續通透感，將較高的大型家具靠牆，中間擺放中、小型的桌子和櫃子，這樣的空間陳列，讓顧客走逛起來也不會過於壓迫。

古物店空間陳列的特別之處，是當商品賣出、買進時，需要不斷調整所有物件的位置，並不像一般零售店，將一項商品賣出後，就能從庫存補一樣的商品，在古物店每項商品都是獨一無二的，因此是否能找到同樣尺寸的家具全靠緣分。另外，也需要重新陳列新家具上的物件，此時店裡就需要大搬風。

有趣的是，店內的燈光也時常隨著物件調整，但打燈較明亮的地方，不一定是高單價商品，或是商品陳列較密集的區域，有時反而會在空無一物的桌上打燈。這種曖昧不明的界線，就像是日本文化裡的「侘寂」——不依循常規的隨興之美。

承租店面時，因地板狀況良好就沒有再做更動，一黑一白的大理石，將店裡自然分成兩個不同氛圍的區域。

高度較高的大櫃子會緊鄰牆壁，中間則是擺放高度較低的桌子，讓視覺有穿透性。大型物件雖然多，但動線皆是流通的，除了四周圍的牆壁，沒有無法通過的路線。

視覺行銷的陳列心法
Visual Merchandising Ideas

主理人／葉家宏

商品陳列容易犯的錯

* 將小商品散置擺放在一張大桌上，容易找不到焦點，可以準備一個底版或是背景，增加層次感跟識別性。
* 東西擺放比較密集，會有些壓迫感、待不久，但也有人利用這樣的特點，讓商品流動率更快，所以還是看個人想要呈現的是什麼。

給新手的陳列建議

* 在規劃空間時，可以先決定大物件的位置，小物件或擺飾類的商品再加進去，慢慢雕塑出想呈現的動線和視覺感。
* 陳列時，可以站在顧客的角度想像，空間裡有哪些地方經過時，會停下腳步？有哪些地方會直接走過？由此創造不同的畫面感。
* 多嘗試不同風格或類型的陳列方式，有時候可以從過程中得到意想不到的靈感。

法則 144 綜覽全場的櫃檯位置

櫃檯擺設在店裡的中心，除了門口的區域外，能看到店內所有區域，擁有防盜的效果，當
顧客需要導覽時，也能讓店員第一時間關注到。此外，因為櫃檯旁的門後是鄰居共用的區
域，櫃檯放在此處也可以防止顧客不小心打開門。

黃金陳列區的技巧
Hot Zone Display

由於店裡的陳設、動線經常會隨著商品銷售狀況而有變動，因此對鳥飛古物店來說，
並沒有黃金陳列區，但店內較不會更動的區域，應該就是櫃檯的位置了。

「很多人說，你去逛跳蚤市場，離老闆最近的東西，通常都是最貴的，但在我這裡
不是。」家宏笑著說，古物有趣的地方，就是每個人對物品的價值認定都不同，因
此對他來說，商品沒有貴重之分，一切都是看顧客與物品的緣分和個人喜好。因此
在櫃檯陳列上，大多是自己特別喜歡的物品，若有客人詢問，可以拿出來看看，但
有沒有要賣，全憑當下心境。

法則 145 運用陳列架作為商品種類區分

櫃檯上的物件，基本上可以從陳列架做簡單的區隔。例如，台灣藝術家的作品放一櫃，古物放一櫃，仔細看可以發現，物件利用不同材質和高低錯落擺放，增加視覺的層次感。另一側茶道具則是以富有生活感的方式陳列，有些茶杯以底座托高，賦予一種特別推薦的感受。

法則 146 運用重複與交錯，先吸引視覺再引導

店裡的商品較少以類別作為區分，但是掛鐘都幾乎在櫃檯後方的牆面上，這些大小不一、色彩不同的圓形鐘面，交錯陳列充滿在矩形的牆面上。運用重複的陳列，先吸引顧客的目光，再慢慢引導視線進入下方的櫃子上。

陳列重點聚焦
Display Key Points

法則 147 小標籤創造顧客拿起觀看的機會

許多人認為古董比較脆弱,應該用眼睛觀賞就好,但是如果古物不能觸碰,反而難以讓人產生興趣,因此商品的價格標示上,特意選擇較小的標籤,黏在物件背後,或是需要拿起來後才能看見的地方,增加人們觸摸及仔細端看的機會。

法則 148 不依循規則的陰翳燈光

深受日本「陰翳美學」影響,在空間設定上為幽暗與微光間的模糊,因此在燈光的使用上,也特別下功夫。例如,燈光較亮的地方,不見得是商品密集的區域,而燈光微弱的之處,也不見得是比較不重要商品。葉家宏認為,光線與商品間曖昧不明的界線,反而有種細微的美感。

法則 149 與美感融合的風水陳列術

除了陳列美感和動線安排之外,也會運用風水改變陳列。像是鳥飛古物店的進門處,擺放了一張圓桌,沒有一般桌子的稜稜角角,減少了銳利感,讓進來的顧客能柔滑分流。而桌子下方魚的擺設,代表水流的方向,也代表錢流的方向,因此不能向外,而要往櫃檯或店裡。

法則 150 運用道具陳列難以分類的物件

對於體積小、造型又差異許多的物件，可以選擇用石板、或是不同材質的器皿做為陳列的道具，為零散的物件分區，讓原本落單的物件，也有重複的量感。而這種陳列方式，遠看像一個大區塊，但近看又是各自獨立分區，因此在容器高度上，也會有所區隔，才能讓桌面看起來更有層次。

法則 151 從大至小，從疏到密的擺放順序

店裡的陳列順序，是先將大物件定位，再擺放小物件，而每一個區塊的陳列密度，也會有所不同，整個空間有疏有密，讓顧客走逛起來有節奏感。預計留白多一點的區域，在每樣商品擺放時，都會保留一定空間，也讓陳列有藝術品展示的氛圍。

法則 152 運用造型差異陳列零散小物件

過於零散的小物件，以材質、色彩、形狀搭配。看似無關聯的商品，利用物品的造型差異，反而可以製造變化。例如，在同一平面上，有圓形點狀、線條、方形的物品，會產生有活潑的感覺。

#藝術精品 | # 食品 | # 家飾
生活用品 | # 服飾與配件
清潔用品 | # 廚房用具
圖書、文具

輪轉各種情境的風格
蒙太奇

— Design Butik / 集品文創

Design Butik，「集品文創」是一家主打北歐風格家
具及生活用品的設計商店，希望將北歐的生活方式
及創意趣味，帶給每一位追求生活品質的客戶。開
業近 4 年以來，陸續代理了多個北歐設計品牌。

店內的品項非常多元，從居家用品、餐具、家具、
家飾、甚至是辦公文具都有。店內商品皆是北歐選
品，帶有俐落的造型，以及強烈的設計感。來到
Design Butik，除了欣賞產品本身的設計，如何兼容
多種設計風格，呈現居家氛圍的陳列，也有看頭！

Design Butik / 集品文創

地址：台北市松山區民生東路五段 38 號 1 樓
電話：02-2763-7388
網址：www.designbutik.com.tw
營業時間：11：00-19：00
店鋪坪數：100 坪
販售品項：約千項

風格與陳列的布局

Style and Display Arrangement

A.｜店門口櫥窗區主要放置新品跟沙發等大型家具；旁邊搭配淺色
櫃架及一些生活雜物，暈黃的燈光營造出溫馨感，吸引客戶上門。

輕鬆的自在動線

走進 Design Butik，可以看見透明落地玻
璃櫥窗中陳列著居家氛圍的新品家具。一
進門亦可看見以沙發區為主的陳列，店面
右側主要陳列家具，左側則是陳列生活小
物。<u>櫥窗內並透過情境的搭建，陳列出家
具、家飾與生活用品的變化，明確提示顧
客店舖的商品性質。</u>

整體動線呈現開放式設計，以大片白牆為
店內主要背景色，各區塊間的走道間距保
留足夠讓兩人擦身而過的舒適寬度。在規

劃動線時<u>並未期待客戶一定要如何走逛，
而是希望顧客可以隨意走動，</u>從映入眼簾
的自然風陳列中，充分感受北歐設計的居
家氛圍。

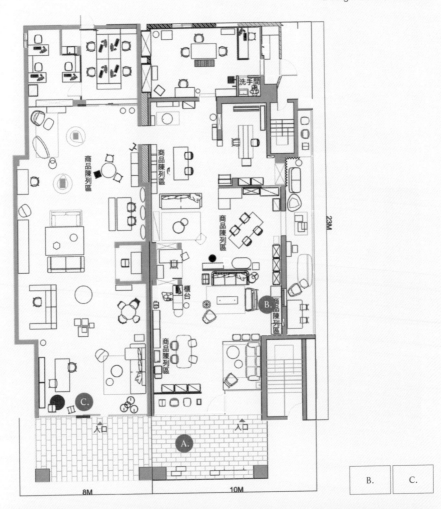

B. | 緊鄰著 Normann 沙發區的是靠牆的廚房用品區；中間和右側彩色區按商品類別來陳列，同一商品多種顏色都排出來；左邊原木區擺設各類原木商品，下方則放庫存及大件的商品。

C. | 此區是店面最後段區域，由於天花板的高度相對稍低，且燈光較暗，會讓人疑惑是否該進去。
此區有一張營造早餐情境的餐桌陳列，未來考慮將燈光及牆壁顏色改得更亮，讓此區看起來顯得更為活潑。

每一個角落，每一道牆面都可以看見店家用心的設計。　除了家具，店內也販售許多小型的生活用品。

店內光是桌面的陳列至少就擁有五種以上的情境變化。

店中店的情境展演

由於 Design Butik 的定位是 shop inshop，店中店的概念，總監 Eddie 在規劃店內空間時，會先為每個品牌規劃出獨立的陳列區塊，希望顧客進入店舖後，可以在走逛的過程中，依序覽閱不同品牌的設計特質以及風格。而在進行佈局時，首先會設定該區域的視覺重心，把該品牌的大件家具先定位好，接著再擺上餐桌、櫃子及其他小用品，最後才去規劃區塊與區塊之間的行走動線。

每一區塊的陳列都以「營造情境氣氛」為主要訴求，希望讓顧客在店裡走逛時，能夠感受到商品所散發的氛圍，並從陳列中找到佈置的方式。店內主要分為左右兩室，以「品牌」為主要分區原則。除了家具之外，右室則陳列了多種廚房用品區、織品以及生活雜貨。左室則強調北歐設計品牌 Hay 的生活與家具相關商品。

Design Butik 的許多客戶為設計專業族群，相當在乎商品設計的巧思、造型是否美觀、特色是否鮮明。因此在陳列時，傾向藉由「情境式的陳列」來模擬商品在生活中的樣貌，突顯商品質感，並讓客戶在走逛時能夠直觀地了解商品功能。

視覺行銷的陳列心法
Visual Merchandising Ideas

左：總監／ Eddie
右：公關／ Tina

商品陳列容易犯的錯

* 硬塞東西、將商品陳列得過度擁擠，商品特色反而跳不出來。
* 畫面留白時，讓它全部一片白、不加任何點綴，讓整體陳列單調乏味。
* 做生活風格的陳列時把商品擺得太整齊，反而失去「家」的氛圍。
* 太久不更動商品陳列，造成客戶喪失新鮮感、不再光顧。
* 擺放玻璃商品時，背景太雜亂，使得商品質感降低。
* 將大量黃銅商品放在一起，造成失焦，體現不出特色。

給新手的陳列建議

* 要多看他人的陳列風格，自己多試、多調整，才會找到對味的風格。
* 陳列時畫面要適度留白，不要放得太滿，但可加些有顏色的小物作為點綴。
* 同一商品有多種顏色時，儘量每種都擺一個出來，畫面看起來會較豐富。
* 擺放商品時可按「色彩」或「功能」來分區，抑或兩種方式並用。
* 白色的陶瓷通常要跟白色搭配，才能體現出潔淨感。
* 陳列玻璃類商品時背景要保持乾淨，玻璃看起來才會有穿透的感覺。
* 黃銅類商品大量擺在一起時會失焦，只能拿兩、三個來點綴。
* 黃銅類商品適合跟大理石或原木桌擺放在一起。
* 北歐風格的陳列講究留白，儘量讓陳列展現空間感，以體現出簡約風格。
* 透明玻璃可搭淺色木面；噴砂、噴黑的玻璃可搭深色木面、桌面。

法則 153 生活感的陳列模擬

店內的陳列，多以居家生活空間為陳列的情境。厚實深灰色的沙發為視覺焦點，但為了避免視覺感覺太重，故搭配米色地毯、黑白兩色為主的置物櫃及小几，中央並加入圓型小桌增加畫面中的柔和曲線。最後在沙發上在加入紅白兩色抱枕，桌面擺放雜誌與鮮花，營造出溫馨而有生活痕跡的客廳氛圍；由於情境營造得宜，旁邊搭配的燈飾也連帶牽動賣出好成績。

法則 154 運用植栽延伸視覺深度

在原木長餐桌中線鋪滿了綠葉，讓視線呼應長桌造型左右來回。桌面中央擺上鮮花，做為最高點，桌上從中央往左右延伸，放置不同高度的玻璃杯、葡萄酒及與果器，讓線性的視覺動線再加入高低左右的錯落，營造陳列的活潑氣氛。

黃金陳列區的技巧
Hot Zone Display

情境陳列提供顧客選配參考

店內的黃金陳列區有兩處，一是進門右側迎面的第一個 Normann 沙發區，以大器的深灰色大沙發為主要視覺焦點，米色地毯上放置著一大一小兩張素面小圓桌，圓桌上隨意擺放了雜誌、鮮黃瓶花等家飾物品，兩旁延伸同是黑白色系的方型小几及置物櫃，再打上溫柔的黃燈，營造出簡約舒適的家庭氛圍。

其次則是店中央斜放著的長木餐桌區則是另一銷售極佳的區塊，目前以「餐桌風情」為陳列主題；依然是情境式陳列，桌上不但陳列有透明玻璃材質為主的精緻餐具，還有葡萄酒、用白餐瓷呈裝的水果，並以鮮花和綠葉布滿整張餐桌中線，繽紛多元的意象，讓人直接聯想起與家人在戶外野餐時的愜意與熱鬧。

店員在陳列商品時，儘量會將商品擺放得高高低低的，讓商品有前後空間感，不要太水平、太一致，整體畫面看起來會較活潑吸引人。陳列時會先依功能來分區（例如廚房用品規為一類），再分顏色及分大小；同一商品擁有多種顏色時，會儘量每種都擺一個出來，以畫面變得較豐富，並讓人有動力去翻。

法則 155 上下空間的材質呼應
由於桌面陳列著玻璃杯和酒瓶，桌面上方則可搭配同樣具有穿透性的燈飾，讓上下空間的視覺感受有所連結，也不會顯得上方有所空缺。

陳列重點聚焦

法則 156 留白突顯色彩與造型強烈商品

北歐陳列風格重視留白，但留白有時也是為了突顯重點。在造型簡單的淺色圓桌上，擺放多種顏色的幾何造型小托盤，留白的效果自然能讓商品更加突出。設計夠強的商品，陳列時不要加入過多干擾，讓其自然發聲即可。

法則 157 透過燈光與商品色設定陳列情境

店內左右兩室各有一獨立小空間，分別以簡約的黑白兩色桌椅作為視覺主體，周邊搭配淺色小櫃架與文具小物，讓焦點集中在燈光與椅子之間的反差對比。空間中特別加入多層的燈光設計，運用光線的輕重和方向性，塑造出不同的氛圍。

法則 158 有弧度的線性佈局

以餐敘聚會為陳列主題，配合純白餐瓷器皿，從燈光到陳列商品，力求呈現出明亮感。桌面上以純白餐瓷為主要器皿，從長桌側面觀看，可發現桌上器皿呈現有弧度的佈局，當視線由圖片左方看過去時，中央的商品陳列不會因為過度整齊而顯得呆版，並也具有前低後高的層次效果。

法則 159 質感互補形塑陳列均衡感

利用暗紅色牆面為背景，放上沈穩的灰色碗盤餐具。當背景色與商品接待有厚實質地時，陳列的空間中便可再加入一些具有穿透性或質感細緻輕盈的物件，譬如高貴的透明玻璃花瓶、鮮花、水果、食物等點綴，食物使畫面鮮明生動，最後再放上一組安坐在鍛鐵燭台上的白蠟燭，加入燈光的渲染效果，呈現出傳統家庭晚宴的穩重溫馨氛圍。

風格小店陳列術

透過陳列，品味生活情境的老件巡禮

— 達開想樂 / Deco Collect

「達開想樂」是一坐落於歷史建物內，主打印尼老件家具 的複合型選品店。三層樓的老洋房設計，一樓主要陳列台 灣文創品牌商品、二樓則是印尼與德國老件家具，三樓則 為咖啡廳及展覽會場。

試圖以老件融合現代生活，傳遞「老東西·新思維」的 lifestyle。每層樓主打的客層與訴 求皆不相同，一樓強調輕鬆好走逛，二樓以情境式陳列為 基礎，三樓則為展覽空間，保留空間調整運用上的可能。

達開想樂 / Deco Collect（現改名為「達開生活」）

地址：台北市南京西路 251 號
（2018/09/18 已搬遷至台北市羅斯福路 3 段 283 巷 7 弄 12 號）
電話：02-2558-2251
網址：https://decocollect.waca.ec/
營業時間：週一至週六 11:00-19:30；週日 11:00-18:00
店鋪坪數：三層樓共 100 坪
（1 樓：20 坪 | 2 樓：40 坪 | 3 樓：40 坪）

風
格
與
陳
列
的
布
局

Style and Display Arrangement

A. ｜一樓空間主打台灣文創商品，雖然同樣帶有復古與老件的氣質，但陳列的邏輯會較著重於引導顧客注目，並認識商品。

B. ｜二樓空間陳列的是較有個人概念，強調情境氛圍的各式家具陳列。空間中各自再分出許多小情境場域，並沒有固定的陳列模式或方法，基本上會依照 Sophia 個人的想法進行表現。

多彩、軟調商品改變空間印象

由於一樓是直接接觸到顧客的前線，且因地點鄰近迪化街，許多年輕朋友與日本觀光客都常上門光顧。負責人 Sophia 在構思空間運用上時，便設定一樓以台灣文創設計師品牌為主，品項約可分為生活日用品、食器、家飾品、飾品、織品與少量織品。受限於老舊建物的限制，且需配合內部線路規劃，樓梯下方的櫃台處是最先被定調的區塊。其次依序是入口處直視靠牆面的櫃架，以及坐落在空間中央的長桌。

二樓則是主打的印尼老件家具，但因為印尼老家具的風格帶有微微的頹廢感，物件的整體色調也偏舊、偏暗，若整棟都以此色彩定調，會顯得太沉悶無活力。因此 Sophia 刻意在一樓的陳列中強調色彩，像是利用大面積的櫃架中陳列彩色抱枕，抱枕軟性的質感，也有助於柔化穩重的建築與家具氣質，透過商品色彩與材質的置入，增加空間的活潑度。

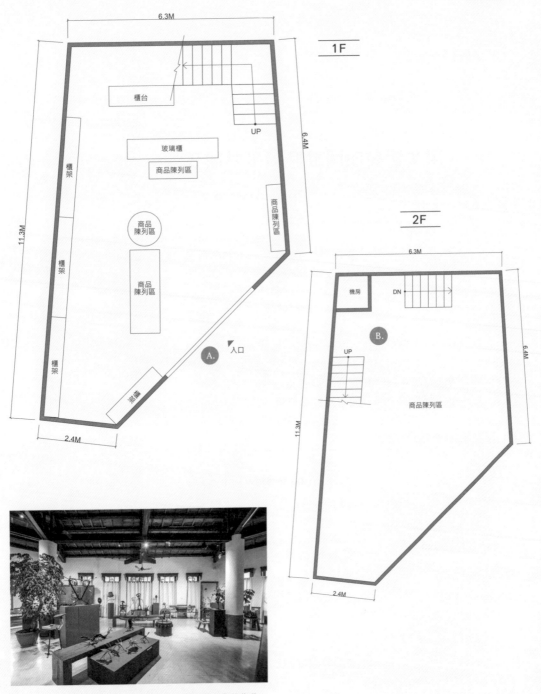

1F

櫃台

UP

玻璃櫃

商品陳列區

櫃架

櫃架

商品陳列區

商品陳列區

商品陳列區

櫃架

泡茶區

6.3M

6.4M

11.3M

2.4M

A. 入口

2F

機房

DN

B.

UP

商品陳列區

6.3M

6.4M

11.3M

2.4M

C. | 三樓主要作為展覽空間，展覽藝術家的作品，展覽能夠吸引到喜歡藝文展覽的族群，因應展覽主題不同，店舖也有機會接觸到不同的族群。

先歸納後整合的陳列表現

Sophia 認為在陳列商品時，可以「先歸納，後整合」。必須先對商品有深入的研究與了解，並且對其擁有相當的熱愛，接著再以呈現商品特色為原則，著手進行歸納整合。舉例來說，二樓一件印尼老件衣櫃，店主覺得其背面極美，為突顯其歷史紋路與實用可能，便將衣櫃背面面對顧客，以此為發想核心，延伸出整面的陳列表現，訂製掛勾吊掛物品、或加裝布簾等。在陳列時，先從商品特性的原點出發，歸納整合出商品的元素和藍色，因應特色去設計陳列才不會流於視覺表象而無內涵。

一樓和二樓的客廳定位不同，因此陳列的表現也有差異，一樓強調商品的色彩和造型，二樓則訴求情境氛圍。

視覺行銷的陳列心法
Visual Merchandising Ideas

商品陳列容易犯的錯

＊陳列時角色太旁觀，沒有設身處地將自己融入情境中，易發生陳列細節露出馬腳。

＊存貨若放置下方，仍要保持乾淨整潔，小地方也會影響顧客的觀感。

＊什麼都想賣、都想擺，最後反而會失去焦點而失敗。

給新手的陳列建議

＊了解自家店的定位與市場，並觀察競業與其擁有資源，做出市場區隔。

＊多旅行增廣見聞，多擴大自我視野就能越趨突破。

＊陳列的基礎是整齊，新手入門可從模仿開始，但長期還是要培養出自己的味道。

＊陳列不只是畫面感，有時講求色香味俱全，陳列道具亦可使用有香味的物件，像是香料搭配食
　器效果也不錯。

法則 160 陳列情境，而非陳列物件

此區塊的陳列起點與概念，就是衣櫃。為了突顯衣櫃背面的造型美。故利用衣櫃的背面當作情境式陳列的視覺焦點。確立主體後，再逐漸往前鋪陳，落點出周邊的桌椅家具。形塑出一個類真實生活的情境。由大到小，由後往前，便是陳列時的基礎概念。

法則 161 加入生活使用習慣，再現真實情境

在情境中運用生活用品，可以讓畫面更有人味。特別必須注意的細節為，搭配物件擺放的方向必須朝內，因為在這個情境中生活的人，是從內向外使用這些器具的。許多陳列者常犯的錯，是在陳列時太跳脫情境，從旁觀者的角度進行。當情境陳列時，必須進入使用者的角色中，才不會陷入此擺設盲點。建議完成陳列後，裡裡外外多檢視幾次，微調商品陳列角度和感受氛圍，才能減輕陳列上的刻意與做作感。

法則 162 軟調配件催化空間氣氛

加入軟調的配件。這是改變氛圍相當重要的元素，能讓陳列由純粹的賣場家具轉化為情境感的訴求，其中也包含了材質、色彩甚至是造型的對比或互補。舉例來說，店內的歷史老件，如欲表現現代生活的氣質，便可搭配活潑亮麗的顏色。抱枕、絲巾、書本等配件都是可增添氛圍變化的道具。

黃金陳列區的技巧
Hot Zone Display

投射想像力的情境搭建

排除三樓的展覽空間，一二樓所陳列的商品，其實各自有其不同的客群與定位。由於店鋪常有國外觀光客參觀，因此一樓的主要客群，便是這些國外的觀光客。由於他們不大會購買大型的家具，因此一樓的陳列方法，便會比較思考商品的受歡迎度以及效益。特別是深具韻味、精緻小件的家飾與食器商品，較適合陳列於一樓。

二樓則是大大地跳脫了一樓的陳列邏輯。Sophia 加入了更多個人品味與生活情境的想像，以氣氛與情境的表現為主要前提，每一個獨立的區塊都像是一種概念與心情的傳遞。

二樓會不定期依照 Sophia 想傳遞的生活概念來變換情境，以採訪當天為例，Sophia 想營造的，便是帶有頹廢感的生活情境，她會利用店內的既有商品，搭建出整區的陳列。陳列完成後，並會必須經過多次的走逛，確認動線與擺放角度及位置，以避免陷入陳列盲點而不自知。

陳列重點聚焦

Display Key Points

法則 163 店頭擺放大型、色彩鮮明商品

位於一樓的店頭的區域，是從外面最容易被觀看到的地方。因為此處等同於有櫥窗展示的意義因此陳列傾向以較繽紛閃亮的商品為主。因為從外向內眺望時，視覺落點其實會比一般平視的高度來的高，所以色彩亮眼的商品，可以擺放在櫃架的最上一層。此區塊也會擺放體積較大的商品，讓視覺更好辨識與注目，若放的商品體積偏小，從門外經過一眼掃過，會抓不到重點。

法則 164 圖紋立放裝飾櫃架空間

以圖紋樣式為特色的商品，比起平台，更適合陳列在牆面。因此像是碗盤食器等商品，便可以搭配立架，以突顯餐盤上的圖紋，右上的藍色食器以架子立起陳列，以圓形的輪廓定調該區塊空間應用，前方搭配同圖紋杯具，做出前後景與形狀上的豐富層次。

法則 165 加入背景對比色彩

此類色彩鮮豔的商品，如果只是純粹放在平台或視覺穿透性高的空間，鮮豔的色彩很容易會被背景吃掉。此時若能加入背景色，如放在櫃架中，或加入襯底的盤或台，便能讓色彩更為突顯。

法則 166 經營視覺的平衡感

有情境的陳列有時也是一種主觀的直覺,其中
包含了造型、色彩與材質的綜合表現。以上圖
為例,試著從物件的造型去拆解陳列的元素,
可以發現呈現出一種均衡且活潑的平衡感。即
便不考慮色彩的和諧或對比,造型的多樣,便
可讓觀看者感受到陳列層次的豐富。

法則 167 前低後高的家具擺放

此區是一進門的右手區,幾乎等同於入
口位置,是顧客剛踏入店內,以此認識
商店風格的小區域。此處擺放的會是造
型討喜的中小型家具與家飾品,並不會
特別加入情境的設計。擺放的商品也會
依照季節更替,讓陳列更具有符合季節
性。擺放多個小家具時,也要注意顧客
的動線,建議可從低至高,表現出節奏
感,從低到高的擺放,也較不會遮擋到
後方的商品。

國家圖書館出版品預行編目資料

風格小店陳列術：改變空間氛圍、營造消費情境 167 種提高銷售的商品佈置法則 /La Vie 編輯部著. --
增訂一版 . -- 臺北市 : 城邦文化事業股份有限公司麥浩斯出版 : 英屬蓋曼群島商家庭傳媒股份有限公
司城邦分公司發行 , 2021.12

面： 公分　　　　　ISBN 978-986-408-755-6（平裝）　　　　1. 商店管理 2. 商品展示

498　　　　　　　　　　　　　　　　　　　　　　　　　　　　　　　110018114

風格小店陳列術：改變空間氛圍、營造消費情境
167 種提高銷售的商品佈置法則（暢銷增修版）

作　　　者	La Vie 編輯部
責 任 編 輯	陳思安
書 封 設 計	郭家振
內 頁 排 版	湯湯水水設計工作所 – 何勝清
攝　　　影	蟻棲映像 - 何宇倫、蟻棲映像 - 連子勻、王人傑
採 訪 撰 文	吳亭諺、張倫、湯侑宸
平 面 圖 繪 製	盧巧倫
行 銷 企 劃	謝宜瑾
發 行 人	何飛鵬
事業群總經理	李淑霞
副 社 長	林佳育
主　　　編	葉承享
出　　　版	城邦文化事業股份有限公司　麥浩斯出版
E - m a i l	cs@myhomelife.com.tw
地　　　址	104 台北市中山區民生東路二段 141 號 6 樓
電　　　話	02-2500-7578
發　　　行	英屬蓋曼群島商家庭傳媒股份有限公司城邦分公司
地　　　址	104 台北市中山區民生東路二段 141 號 6 樓
讀者服務專線	0800-020-299（09:30 ～ 12:00；13:30 ～ 17:00）
讀者服務傳真	02-2517-0999
讀者服務信箱	csc@cite.com.tw
劃 撥 帳 號	1983-3516
劃 撥 戶 名	英屬蓋曼群島商家庭傳媒股份有限公司城邦分公司
香 港 發 行	城邦（香港）出版集團有限公司
地　　　址	香港灣仔駱克道 193 號 東超商業中心 1 樓
電　　　話	852-2508-6231
傳　　　真	852-2578-9337
馬 新 發 行	城邦（馬新）出版集團 Cite（M）Sdn. Bhd.
地　　　址	41, Jalan Radin Anum, Bandar Baru Sri Petaling, 57000 Kuala Lumpur, Malaysia.
電　　　話	603-90578822
傳　　　真	603-90576622
總 經 銷	聯合發行股份有限公司
電　　　話	02-29178022
傳　　　真	02-29156275
製 版 印 刷	凱林彩印股份有限公司

2021 年 12 月 增訂一版一刷 · Printed In Taiwan
ISBN　978-986-408-755-6（平裝）
9789864087747（EPUB）

定價 新台幣 480 元 / 港幣 160 元